Open to Think

Slow Down, Think Creatively and Make Better Decisions

开放式思维

[加] 丹·庞蒂弗拉克特 著
(Dan Pontefract)
陈阳 译

電子工業出版社
Publishing House of Electronics Industry
北京·BEIJING

图书在版编目（CIP）数据

开放式思维 /（加）丹 · 庞蒂弗拉克特（Dan Pontefract）著；陈阳译. —北京：电子工业出版社，2021.10

书名原文：Open to Think: Slow Down, Think Creatively and Make Better Decisions

ISBN 978-7-121-42063-4

Ⅰ. ①开… Ⅱ. ①丹… ②陈… Ⅲ. ①思维方法 Ⅳ. ① B804

中国版本图书馆 CIP 数据核字（2021）第 192017 号

责任编辑：刘淑丽
印　　刷：三河市双峰印刷装订有限公司
装　　订：三河市双峰印刷装订有限公司
出版发行：电子工业出版社
　　　　　北京市海淀区万寿路 173 信箱　　邮编 100036
开　　本：720×1000　1/16　印张：15.75　字数：196.5 千字
版　　次：2021 年 10 月第 1 版
印　　次：2021 年 10 月第 1 次印刷
定　　价：79.00 元

凡所购买电子工业出版社图书有缺损问题，请向购买书店调换。若书店售缺，请与本社发行部联系，联系及邮购电话：（010）88254888，88258888。

质量投诉请发邮件至 zlts@phei.com.cn，盗版侵权举报请发邮件至 dbqq@phei.com.cn。

本书咨询联系方式：（010）88254199，sjb@phei.com.cn。

未选择的路

黄色的林子里有两条路，

很遗憾我无法同时选择两者。

身在旅途我久久站立，

对着其中一条极目眺望，

直到它蜿蜒拐进远处的树丛。

我选择了另外的一条，天经地义，

也许更为诱人，

因为它充满荆棘，需要开拓；

然而这样的路过

并未引起太大的改变。

那天清晨，这两条小路一起静卧在
无人踩过的树叶丛中。
哦，我把另一条路留给了明天！
明知路连着路，
我不知是否该回头。
我将轻轻叹息，叙述这一切，
许多许多年以后：
林子里有两条路，我——
选择了行人稀少的那一条，
它改变了我的一生。

作者简介

本书作者丹·庞蒂弗拉克特是加拿大电信公司TELUS[①]的首席战略官，他负责领导公司转型办公室和未来工作咨询小组，帮助公司增强企业文化和协作实践。在之前担任公司首席学习官时，他曾为公司引入领导力框架，也被称为TELUS领导哲学，它极大地帮助公司提高了员工敬业度，达到近90%的创纪录水平。此外，他也曾在SAP、不列颠哥伦比亚理工学院（BCIT）等多个公司和机构担任高级领导职务。

丹也是维多利亚大学古斯塔夫森商学院兼职教授，出版了《目标效应：在自我、角色和组织中建立意义》（*The Purpose Effect: Building Meaning in Yourself, Your Role, and Your Organization*，以下简称《目标效应》）和《扁平军队：创建互联和参与式组织》（*Flat Army: Creating a Connected and Engaged Organization*，以下简称《扁平军队》）等著作。作为一位著名演讲者，丹也曾在TED的多个活动中发表演讲，还为《福布斯》《哈佛商业评论》《赫芬顿邮报》等刊物撰写文章。丹和妻子丹尼斯现定居在加拿大维多利亚，他们有3个孩子。他正在撰写下一本书《领导力的六个维度》（*Six Degree of Leadership*）。

丹的写作目的声明如下："我们不是要看穿彼此，而是要帮助彼此。"你此刻可以做些什么来帮助别人度过他们的一天、他们的一生，这才是终极问题所在。

---

① 一家加拿大电信公司。

译者序

授人以鱼不如授人以渔。《开放式思维》正是一本“授人以渔”的佳作。本书中，作者将思维方式研究置于战略高度，多角度地为我们展现其魅力，而思维方式背后所承载的思维品质，正是我们应对未来挑战的利器。

高效的思维方式可重塑思维品质，指导行动，提高效率，从而带来超预期收获。反之，则易陷入虚假忙碌的泥潭而无法自拔。

《开放式思维》是一本教会我们如何学习的佳作。本书的核心不仅指向思维品质的培养，同时也为如何培养优秀思维品质，如何善于思考、善于学习、积极适应未来，提供了不同领域的成功范例。

不论为人师，还是为人父母，这都是一本思维培养领域的必读书。通过阅读本书，读者能详细了解围绕“开放式思维”这一核心概念而搭建的各种优质思维方式，其中许多启发性观点亦可作为培养学生、孩子优秀思维品质的具体目标。从创造性思维、批判性思维、应用性思维，再到极具包容性的开放式思维，本书堪称思维方式培养方面的模范教材。

本书语言风格简约，深入浅出，极具特色，且作者对思维方式的阐述视角丰富，表达方法灵活多变。本书并不拘泥于阐释“开放式思维”这个终极概念，而是善于将它拆解到细微之处，让这种思维方式的原理及细节清晰可见，同时，通过对比生动展示了“开放式思维”的内涵、原理、应用及重要意义。

对多数人来说，思维僵化、优柔寡断、漠不关心的思考倾向降低了人生中无数次决策与思考的品质。忌于思维“有所羁绊”，多数人难以跳出自我模式，明晰自身思维漏洞的运作机制及对工作生活带来的负面而持久的影响力，面对新情况新问题，仍凭经验翻老皇历，循旧历找教科书，不努力想新办法、找新出路、创造新经验、开创新局面，固化思维逐渐成为人生品质的分水岭。

从社会发展角度来看，变革创新是推动人类社会向前发展的根本动力。而思维方式的更迭与优化是变革创新的核心动力。就像不能排斥变革、不能拒绝创新一样，我们也不能忽视思维方式的更迭与优化，否则就会流于僵化，落后于时代，被历史淘汰。不创新不行，创新慢了也不行。

“如果我们不识变、不应变、不求变，就可能陷入战略被动，错失发展机遇，甚至错过整整一个时代。”阅读本书，一切终将有所改变。凭借多年的专业研究素养和理性与感性交织的绝妙表达，通过文中融汇的生动鲜活的案例，作者将“开放式思维”概念深入剖析，引人深思，并总结出十条开放式思维的原则，这些将极大地提升思维的质量与灵活度。

《开放式思维》不仅仅是一本书，它还是一个机会，一个绝妙的启示与提醒。愿本书能唤醒那些仍在各种思维漏洞中沉睡或偶有挣扎，但实际可能极具创意并潜力无限的人。

序　言

> 世界上没有比真诚的无知和认真的愚蠢更危险的事。
>
> ——马丁·路德·金

对许多人来说，在罗伯特·弗罗斯特的著名诗篇《少有人走过的路》中，最后三行至关重要。在本诗的结束语中，弗罗斯特优雅地描绘了一位旅行者，他先思考，然后决定穿越那条很少有人走过的道路——一条最终带来不同的道路。

林子里有两条路，
我选择了行人稀少的那一条，
它改变了我的一生。

我敢肯定，你在生命中的某个时刻曾对这些观点感同身受。然而，在我们继续之前，一个问题将浮出水面，这个问题与本书的主题有关：思考。这首诗的名字并不像我上面提到的那样叫《少有人走过的路》，它的恰当标题是《未选择的路》。也许很多读者已了解到这一点。

可能有些人只是随波逐流。为什么要在一本书里这么早就对一首诗的标题进行争辩呢？事实上，莱万多斯基教授、埃克尔教授、塞弗特、施瓦茨和库克已经证明，我们需要更多认知，即我们的大脑需要更努力地工作来拒绝误报、谎言和其他错误。他们写道："核验信息的真实性和来源在认知上比简单地接收信息真的要困难得多——它需要额外的动机和认知资源。如果这个话题对你来说不是很重要，或者你在想其他事情，错误的信息更有可能站稳脚跟。"

因此，读者可能会接受这首诗的标题为"少有人走过的路"，因为他们的大脑太疲惫了，不能思考；或者他们只是太懒了，不想思考；也许他们想匆匆跳过序言，急切地进入第一章的内容。"不管怎么说，序言是为了什么呢？"他们可能已经考虑过了。他们甚至可能已经足够信任这位作者，因此看到表面就相信他说的一切："当然可以叫'少有人走过的路'，丹就是这样说的。"

在当代世界，我们的感官每天都受到政治宣传和虚假新闻的轰炸。我们在高度过滤和轻信之间波动。真相正变得越来越难以辨别。这种情况包含另一个重要因素，即速度已经成为一种对抗深思熟虑的武器。进入市场的时间、创新的时间和开发的时间已经成为枪口中的子弹，而且那把枪似乎永远都是上膛的。在一个以增长为主导的世界里，我们面临着尽快完成任务的压力。事实上，我们现在从一个任务到另一个任务，或者从一个动作到另一个动作，始终处于一种持续的循环状态。我们无法暂停和反思来做出更好的决策。便利逐渐成为王道。

难怪有些读者会掩饰我对错误书名的使用。事实上，我们确实知道弗罗斯特于1916年写的这首诗的标题经常被弄错，谷歌为其提供了300多万条搜索结果，维基百科甚至有一个"少有人走过的路"的词条，敦促访问者点击"未选择的路"。这是一个常见的错误。但我想在这本书中探讨的问题是其产生的原因。

最大的原因可能是人们根本没有费心去读完这首诗。取而代之的是，他们一知半解，依靠包含最后3行的励志卡片作为对这首诗的潜在含义的理解基础，这是一条很少有人走过的路。正如大卫·奥尔在

2016年出版的著作《未选择的路：在人人都爱却几乎人人都错的诗中发现美国》（*The Road Not Taken: Finding America in the Poem Everyone Loves and Almost Everyone Gets Wrong*）中指出的那样："人们几乎忘记了这实际上是一首诗。"

"未选择的路"是对生活的比喻。事实上，这是本书关于思维的一个入门隐喻。我们的行为总是受到我们的思考水平、决策能力和执行能力的影响。这首诗让我们洞悉了我们对思维捷径、思维障碍的偏好。

在这个急于在进行彻底分析之前便匆忙行事的世界里，在这个我们没有花足够时间"沉浸在当下"的忙碌世界里，我们确实没有足够时间胡思乱想并决定如何处理这些想法。这首诗的最后3行体现了当今思维文化的短视。我们弄错了这首诗的标题，然后又误解了它的意思，因为我们没有费心去想得更深。

事实上，这首诗长达20行，而不只是经常被引用的那3行。更好的思考是困难的，而不是容易的。更好的思考需要时间，而不是匆忙。没有捷径可走。没有一款手机应用程序能真正让你思考。在这个问题上，Siri或Alexa不会帮你。"未选择的路"不是关于最后的胜利，也不是要传达某种信念。就连弗罗斯特自己也建议他的朋友爱德华·托马斯："你必须小心那首诗，那是一首棘手的诗，非常棘手。"

事实证明，正如许多学者所阐述的那样，这首诗中的每条路都是平等的："尽管那里的路/对他们的影响其实差不多。"其中一条并不比另一条好，被选择的机会也不比另一条少。诗中的旅行者并没有做出所谓明智的决策，他选择沿着一条路漫步。这位旅行者的选择与在他之前的许多旅行者的选择相似。

如果我们不花时间去理解弗罗斯特诗歌的基本含义，我们就有可能成为一个封闭思维者。这与我们在这本书中所说的目标相反。因为我们没有仔细检查这首诗可能还有更多的含义，忽略了其他17行，我们忽略了它们，继续前进。这种忽略在我们的社会中正成为一个问题。便利不仅是王道，它也变成了依赖。

弗罗斯特对路易斯·昂特迈尔说："我打赌不会有超过6个人能说出我的《未选择的路》打动了谁，他又是在哪里被打动的。"这首诗不是关于选择一条人迹罕至的路，但数以万计的人仍然认为这是弗罗斯特传递的信息。太多时候，人们匆忙地做出判断，无视错误信息，忽略细微差别，强加自己的世界观，仓促下结论。不经深思熟虑而做出的决定往往会导致进一步的工作，更糟糕的是，它们可能导致原本可以避免的错误。

这本书的重点是思考。在接下来的章节中，我认为个人和组织都需要一种更具反思性和响应性的思维方式。我们的思维应该通过不断变化的投入和信息来形成。我们应该认识到，我们的思维只有在我们能够不断提出挑战和质疑的情况下才是最好的。更好的思考取决于我们对新想法的开放程度，我们的决策要以多少证据为基础，我们有多大的能力把事情做好。

梦想、决策、行动，这3个概念的相互作用是我称之为"开放式思维"的核心。在本书中，我们将探讨3个应该不断循环的思维阶段：创造性思维、批判性思维和应用性思维。我们的调查将考察开放式思维的下列元素。

选择

思维应该包括构思和反思的阶段。我们能修一条新路吗？如何修？思考应该是创造性的。

判断

我们必须决定为什么先选择一条路，然后再选择另一条路。有必要回到路口吗？为什么？思维必须是批判性的。

行动

为了实现我们的目标，我们应该走在路上。一个人不能无限地计划和分析。经验会带来更多的想法和更多的决策。思维需要被应用。

无限

反思和思维永无止境。有更多的路要修，有更多的路要走。思维是连续的。

下面的问题提供了一个快速的“试金石测试”。

- 我是梦想家吗?
- 我是决策者吗?
- 我是实干家吗?
- 我是开放的思考者吗?
- 我以上都是吗?

开放就是包容。在诗中，弗罗斯特描绘了主人公站在观察、决策和执行之间的分岔路口的场景。这首诗为我们展示了创造性思维、批判性思维和应用性思维之间的潜力。诗人或主人公仔细考虑他的周围环境，并反复斟酌他能做出什么决策。他没有割裂思想、判断和应用。相反，他使它们步调一致。我认为主人公的行为像一个开放的思考者。

开放式思维是我们将在接下来的几页中要定义和阐述的思维类型。我的目标是什么？通过我进行的各种访谈，我的专业观察、学术研究、历史证据，以及我将在第一章介绍的开放式思维模式，我想帮助你成为一个开放的思考者，一个渴望始终如一地坚持梦想、决策和行动的人。

我的最终目标是帮助你成为一个更好的思考者、一个更好的人。开放式思维是我们建设一个更加人性化社会所需要的思维类型。1946 年，阿尔伯特·爱因斯坦在谈到关于原子理论的话题时说："如果人类要生存并迈向更高的水平，一种新的思维方式是必不可少的。"的确如此。

对于那种流于表面的信息来说，生命太短暂。

目　录

第一章
思　维

我思故我在

未来，成人问题的解决在很大程度上取决于今天的孩子如何成长。

——玛格丽特·米德

我们都做这件事。我们都思考。但是，“思考”是一个相当奇怪的词，经常会有无数的解释和误解。有数以百计的书籍和数以千计的论文致力于“思考”这一主题。尽管如此，思考这个词和概念还需要更多的关注和更好的理解。它需要被拯救，被重新定义。爱德华·德博诺基金会（Edward De Bono Foundation）的研究主管阿德里安·韦斯特领会了我的观点：“培养我们更清晰、更丰富、更全面的思考能力，无论是个人还是集体，对于解决这个世界的问题绝对至关重要。”

许多人已经忘记了如何思考。更糟糕的是，一些人已经放弃了思考。在这个过程中，大脑已经拒绝了一种改进的思维方式将带来的潜力。对于一些人来说，思考已经被外包，转而支持Siri或Alexa这样的人工智能。因此，一些人把创造性思维和批判性思维都外包出去了。美国海军战争学院的汤姆·尼科尔斯教授坚称：“我们正在见证‘专业知识的死亡’——专业人士和非专业人士、学生和教师、知情人和旁观者之间的任何分歧都在谷歌的推动下、基于维基百科的博客中瓦解。换言之，在某一领域取得成就的人和完全没有成就的人之间的任何分歧都瓦解了。”

不思考的影响是令人不安和深远的。假新闻变得可信了。后真相政治现在是常态。社交媒体已经取代了长篇阅读和书籍阅读。员工敬业度持续下降。高管和员工之间的工资和净资产差距仍然非常大，而以营利为目的的公司仍然认为，只做短期投资是有逻辑基础的。更糟糕的是，西方世界的压力和焦虑水平正在上升，人们的寿命在缩短。世界卫生组织预测，到2020年，抑郁症将成为全球第二大疾病。事实上，这种情况令人担忧，因为抑郁症在2017年已经成为致病和致残的主要原因。

现在，是重新思考我们的思维方式的时候了。

先期基础

本书向此前明确的思维策略致敬，如罗杰·L.马丁的整合思维，以及罗杰和IDEO公司创始人蒂姆·布朗合作提出的设计思维。它认可了心理学家和行为经济学家丹尼尔·卡尼曼的开创性工作，他在《思考，快与慢》一书中写道：“思想：我们可以对显而易见的事情视而不见，我们也可以对自己的盲目视而不见。”正如任何一本管理学图书都应该做的那样，本书重温了之前已经提出的伟大思想和相应的属性，包括但不限于罗杰、蒂姆和丹尼尔。

本书中的理论和相应模型建立在广泛研究的基础之上。这也来自我自己在企业和学术机构工作的亲身经历，以及我在TELUS担任首席战略官的角色，在那里我可以帮助其他组织寻求文化变革。二十多年来，我观察人们工作、学习，各司其职。我花了很长时间认真思考了人们的思维方式中缺失了什么，以及需要做些什么来改进。

此外，我采访了各行各业的人，肿瘤学家、音乐家、市长、企业领导者、非营利性组织的领导人、教育工作者、工程师、交响乐指挥家、原住民领袖、厨师，甚至女帽店的员工，以明确开放式思维的论点。他们来自北美、欧洲和亚洲国家。总而言之，在新旧之间，我决定，为了提高人们的思维水平，一个新的、容易记住的框架可能会起到作用。正如我在序言中提到的，我称之为“开放式思维”。

我的第一本书《扁平军队》探索了实施更具协作性的组织文化的方法，它包含5个重叠的模型，以帮助领导者和团队成员更好地协同工作，形成“企业共性流”。我的第二本书《目标效应》研究了目标的重要性，认为当个人目标、组织目标和角色目标一致时，个人和集体都会达到最佳状态。我在本书的结尾提出了这样一个观点："在一个有意识地选择做好事的组织里，我们每个人都应该有这样一种生活：我们为了实现自己的目标而获得报酬。"

如果说文化和目标是凳子的两条腿，其中一条腿的目的是重建和维持一个更健康的社会，那么另一条腿的作用就是致力于改善我们的思维。一个自治和繁荣的社会本质上就是思考的自由、判断的能力和创造力的培养，它需要耐心、判断力、协作和行动。个人和领导者应该努力创造一种环境，在这种环境中，想象力得到鼓励，批评导致更好的决策，而恰当的执行可以带来积极和可持续的结果。事实上，这些是一个更健康的社会、一个更好的你的标志：文化、目标，以及凳子的第三条腿——开放式思维。

关注短期，争先恐后地完成任务，或者因为害怕可能发生的事情而坐等美妙的想法，这是令人遗憾的。有时，这是彻头彻尾的可怕。但当前的这种思维状态创造了一个重新考虑我们如何对待工作和生活的机会。希望还是有的。无论是根据我作为领导者的第一手经验，还是通过采访、观察和研究，我都看到，已经有一些人、团队和组织一直在使用开放式思维。这是个好消息。但我们无法相信，当今社会大多数人的思维方式和行为方式是高效的。用Facebook首席运营官谢丽尔·桑德伯格的话说："选项A不可用，所以让我们尽可能地利用选项B吧。"

事实上，现在是我们重新思考的时候了。

当人们思考

当我们思考的时候，是在用我们的头脑积极地形成或连接一个想法。但是，关于"思考"这个词，还有更多的东西要说。思考也是一种方法、一种可能性、一种观点或一种态度，它甚至可以是一种信仰或结论。

让我们先来看一下"思考"这种行为。

思考可以并行进行。也就是说，你可以一边想一件事，一边做完全不同的事情。例如，当你洗澡时，你会又一次经历你可能已经表演了数千次的例行公事。你的大脑会仔细考虑日常事务，同时会采取行动：浸泡一下——肥皂——起泡——冲洗一下。重复一遍。多年来一直是这样，为什么要改变呢？

但是，也许在起泡或冲洗环节，你有机会同时释放思想，这可能比简单地在身上涂抹肥皂更有创意或更具批判性。我每天早上洗澡时都会刮胡子。20多年来，这一直是我的惯例。但在刮胡子的过程中，我常常会进入一种仿佛充满无限可能的奇妙状态中。医学界称之为“自动性”，即细胞在没有外部刺激的情况下自发产生动作。早上的例行公事已经变成了我每天5分钟的思考和决策的过程，同时，我继续完成刮胡子的任务而不会割伤自己。我做事情的方式不止一种。

理查德·马丁是《新通才主义者》（*The Neo-Generalist：Where You Go Is Who You Are*）的合著者，他在我们曾经进行的一次讨论中证实了我的观点。“有些时候，我的思想会得到解放，可以专注于身体之外的其他事情。例如，当我骑自行车时，我的身体在做一件非常机械的事情，而我的大脑则被解放出来，筛选零碎的信息，将它们分类成行动、写作等想法。我的博客文章全都是这样形成的。”

我们两人都在向丹尼尔·卡尼曼所说的“系统1和系统2”思维致敬。卡尼曼写道：“体验过心流的人将其描述为‘一种毫不费力地集中精力的状态，以至于他们失去了对时间、对自己和对问题的感觉’，他们对这种状态的快乐的描述是如此令人信服，我的同事齐克森特米哈里称其为一种‘可选的体验’。”我的淋浴时间有时特别长，因为当我的大脑试图将不同的数据或知识组合在一起时，我最终陷入了白日做梦的状态。即使那样，我也没有割伤自己，这让我的妻子丹尼斯松了一口气。

思考就像吃东西一样，是我们所有人都会做的事情。事实上，我们都在不停地思考。但是，就像饮食一样，我们必须更多地意识到健康和不健康的习惯。

思维既是有意识的，也是无意识的。它是自愿的，也是非自愿的。它是沉思的、质疑的、积极的。它是自动的，也可以是手动控制的。我们可以控制思想，但有时我们的思维会变得本能。然而，我们必须重新考虑思维的质量和健康程度。虽然适量的甜甜圈或油炸薯条是可以的，但当不健康的食物选择成为常态时，我们的身体就会受到影响。我们变得肥胖，使我们的身体患上更复杂的疾病，如糖尿病或心脏病。同样，如果你养成糟糕的思维习惯，如果你的生活随着时间的推移而受到不利影响，也不要感到惊讶。

让我们考虑一下工作中的一个场景，在这个场景中，你的老板提出了一系列要解决的客户问题。在理想情况下，你进入一种反思状态，这种状态应该转变为决策，最后是行动。你应该考虑各种可能性，推论什么是可行的，做出决定，然后在双方都能接受的时间范围内采取行动去解决客户问题。如果你花了太多的时间在描述可能性或过度分析你的选择上，或者没有花时间在创造性或批判性思考上便立即投入行动，这类似于一周中每天都吃12盒甜甜圈作为午餐。不可避免地，它的结果必然有损健康。在某种程度上，你的习惯会变得固定。在这种情况下，客户仍然不满意。拙劣的思维方式占了上风。

另一个例子。你的团队希望改进成员之间共享信息的方式。在一个完美的状态里，人们聚集在一起，首先提出一些新的想法，对它们进行批判，从中选出一些，然后再着手实施这些想法。这个过程是迭代的，并融入新的反馈或想法。但对于许多团队来说，要么是领导者以自上而下的方式强制进行更改，要么是团队本身没有在各种选项上花费足够的时间。不可避免的是，任何所谓的改进都没有切中要害，因为应用的是一种封闭的思维方式。它不够开放，也不吸引人，没有投入时间，因此，结果并不令人满意。每个人都是输家。

在我家里，在分享我对我年幼的儿子科尔最新写出的短篇小说《杰克和约翰》的看法时，我会进行批判性的思考，提供深思熟虑、耐心的反馈，这样他就能成为一名更好的作家。如果我的反馈太轻率或太快，科尔就会失去额外的学习和提高的机会。如果我仅仅因为手机震动或亮了灯而打断了这一时刻，他会如何看待我对他学习的承诺？我给他树立了什么样的榜样？

相反，在我工作的地方，如果我不经常征求团队成员对某个想法的反馈，那对我个人的思考水平会有什么影响？事实上，思考与你的态度或行为息息相关。如果你思想封闭，执着于不惜一切代价主宰一切，这将不利于建立开放式思维，更难以成为一名受人尊敬的领导者。

但是思考也是直觉和本能的。当一辆行驶中的车即将与我的车迎面相撞时，我被迫思考，然后迅速做出反应，采取回避行动。这个过程是无缝的，速度很快，与上面提到的例子有很大的不同。同样，当急诊室医生面临生死攸关的情况时，他必须根据自己的经验立即做出关键决定，然后采取行动拯救病人。

思维是多方面的。我们在本书中想要关注的思维方式与避免车祸或拯救病人无关。《开放式思维》不是一本关于思维的心理学或神经科学的书，也不是要重提“设计思维”或“整合思维”。此外，它也不是针对那些实际上喜欢重复工作的人。我们将要分析的思维更多的是有意识的而不是无意识的；是质疑的、沉思的，而不是天生的或自动的。这是你在日常生活中能够控制的思维方式——包括你在工作中的角色——也是你希望改进的思维方式。

为了做到这一点，我敦促你在阅读本书时考虑做一些事情。当你深入研究“开放式思维”时，我鼓励你不断评估你的思维方式。这样，你不仅仅是在读这本书，还有可能在这个过程中养成更好的思维习惯。在阅读本书时，试着问自己以下3个简单的问题。

- 我是否花了足够的时间思考和梦想？
- 我是否根据事实和证据做出周全的决策？
- 我是否急于完成一项行动？

你乐于思考吗？

本书探讨了日常思维的3个不同的组成部分。开放式思维包括三大类：

- **创造性思维**：从限制中释放出新的想法。

↗你反思过吗？

- **批判性思维**：对想法和事实进行彻底分析，以做出合理的、及时的决策。

↗你是如何做决策的？

- **应用性思维**：承诺执行一个决策。

↗你会采取恰当的行动吗？

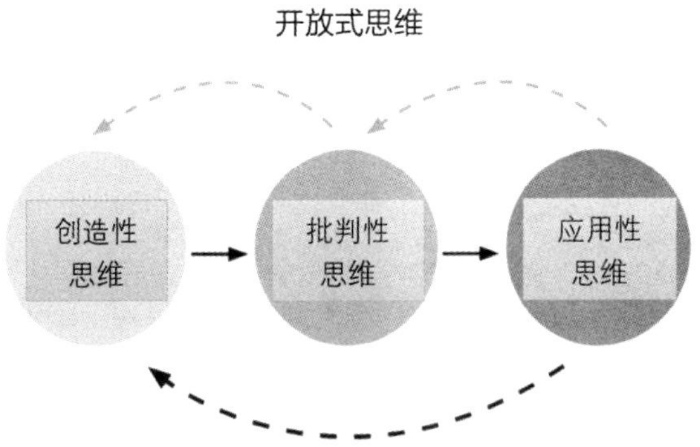

本书介绍了一个相当简单的思维模式，供你在日常生活中使用。本书的最终目的是使个人成为更好的思考者。要成为一名开放的思考者，你应该了解思考与行动之间的关系——我们提出的选项、我们做出的选择和我们随后采取的行动之间的关系——以及开放式思维的组成部分如何对结果产生负面或正面的影响。

通过我的研究、访谈和工作经验，我得出的结论是，采用开放式思维的人是敬业、目标驱动和创新的。他们坚韧不拔，经常把错误或挫折视为追求梦想或做出更多决策的机会。他们不断地学习，这有助于他们的开放式思维。简而言之，开放式思维者是开明的。他们有耐心，考虑周到，他们似乎也能把事情做好，他们也真的很享受这样做的乐趣。事后看来，那些采用开放式思维的人是成功的人，不是以名气或财富来定义的那种成功，而是以生活满意度来定义的。他们明白开放式思维是一种哲学，是一种需要始终如一地实践的行为，而不是在会议室里循序渐进的过程。

我们往往是习惯的产物。遗憾的是，这会使我们对变革的潜力视而不见，造成不可挽回的损失。本书的目的不仅是介绍开放式思维模式以便人们更好地思考，也是为了帮助读者建立更健康的思维习惯。行为是可以学习的，但也可以不学习。正如未来学家阿尔弗雷德·托夫勒曾经写道的："21世纪的文盲将不是那些不会读和写的人，而是那些不会学习、不会摒弃已学、不会再次学习的人。"

《纽约时报》获得普利策奖的记者查尔斯·杜希格在他的《习惯的力量：为什么我们这样生活，那样工作》一书中谈到了这一点："习惯是强大的，但又是微妙的。它们可以出现在我们的意识之外，也可以是刻意设计的。它们经常在未经我们许可的情况下发生，但我们可以通过调整它们的部件来重塑它们。它们对我们生活的影响比我们意识到的要大得多——事实上，它们是如此强大，以至于我们的大脑会十分依赖它们，而把其他的一切排除在外，包括常识。"

本书分为5个章节。在第一章之后，还有3个章节将讨论开放式思维的3个独特组成部分：第二章讨论创造性思维，第三章讨论批判性思维，第四章讨论应用性思维，指的是用开放的思维方式来做事。每一章都有两个小节，一节概述了各个开放式思维组件的阻碍因素，另一节深入探讨了可以用来实践开放式思维的行为。每一章都由故事、研究、采访和例子组成，这些都有助于将开放式思维模式置于具体场景中。本书以第五章作为结尾，这是一个单独的章节，它将开放式思维的概念整合在一起。后记里还有一个关于我个人的故事。

简而言之，不良思维习惯

在我们进行下一步之前，我们必须首先了解开放式思维的对立面。当我在书中介绍和讨论创造性思维、批判性思维和应用性思维时，我将同时说明是什么阻碍了开放式思维的发生。这超越了我们称之为“封闭式思维”的简单化概念。

人们的许多日常习惯既抑制了他们思维的清晰度，也抑制了他们的思维质量。因此，生产力、参与度、目标、个人成长和创新都会受到影响。我发现这是一个大问题，我怀疑如果我们不改变当前的不良思维习惯，这个问题可能会加剧。

影响开放式思维的主要因素有两个：反思和行动。要成为一个开放的思考者，必须平衡这些因素。如果思考和行动之间的杠杆错位，我们最终会陷入我称之为冷漠、优柔寡断和僵化思维的3个不良思维习惯之一。下面用图展示了这3种类型，以说明它们与开放式思维的关系。

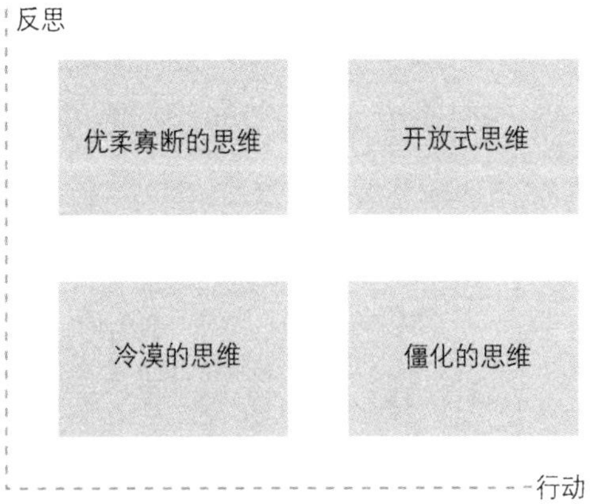

冷漠的思维

一些人已经习惯了以前学到的习惯，以至于干脆拒绝了尝试不同东西的机会。无论是例行公事、流程还是制度，一旦我们掌握了一些东西，习以为常，这个习惯就很难改掉。我们喜欢这样。当一切都很好的时候，为什么要改变呢？大卫·迪萨尔沃在其著作《什么让你的大脑快乐，为什么你应该反其道而行之》（*What Makes your Brain Happy and Why You Should Do the Opposite*）中提到：我们体验到的习惯是一种充满自动性的思维和行为模式。自动性是一种内在动力，不需要公开的、有意识的燃料来维持下去，它也是学习的结果。实际上，这正是习惯的含义：学习某些东西的逻辑结果，无论它是有益的还是有害的。

但是，这种固守习得习惯的愿望可能会阻碍新的成长或想法。当我们静止不动时，就不会进步。我比较同意穆罕默德·阿里的观点，他曾说过："如果一个人50岁时看世界的方式和他20岁时看世界的方式一样，而世界没有改变，那么他就浪费了30年的生命。"这通常会导致人们反对改变，对行动不感兴趣，闭门造车，反对改变以前学到的习惯。当个人或集体以冷漠的思维为默认思维模式时，他们实际上完全忽略了开放式思维。当表现出冷漠的思维时，他们就变得麻木。他们既不想设想新的可能性，也不想负责改善结果。他们甚至可能就是无所事事的员工。

冷漠的思维可以被认为是在思考和行动的花园中无所事事地游荡。我们宁愿放弃梦想和决策，因为这太难了，或者需要太长时间。"我们真的要集思广益吗？"有人可能会说。其他人附和道："做个决定吧，我真的不在乎。"相反，我们对行动漠不关心的态度意味着我们会匆忙地完成任务，只是为了把它们从我们的待办事项清单里剔除。或者我们完全无视它们，假装这些工作或目标从一开始就不存在。冷漠的思维是当今组织中的一种灾难，它会阻止开放式思维结出硕果，它完全鼓励和支持任何倾向于保持现状的人。让我们来看几个例子。

想象一下，在你工作的地方召开一次员工会议。它发生在每周二上午10点。在B会议室，你们每周都坐在同一张椅子上。你的老板每周一都会发一份一成不变的日程。3年来一直是这样。什么都没变。随着会议的结束，通常会提出一个与其他事情无关的问题："还有人有什么要说的吗？"没有人说一句话，大家回到单调乏味的日常生活。领导者和团队都表现出冷漠的思维，陷入了无休止的循环中。

再举一个不同的例子，个人的例子。你决定跳上体重秤，几年来第一次称自己的体重。你知道自己腰围增加了，但现在你站在那里却惊呆了。秤上显示你比上次称体重时重了15磅。你对自己说："是时候做点什么了。"几个星期过去了。你还是什么都没做，相信体重会自然减去，你不用花时间想出减掉多余体重的策略了。随后，你没有做出制订计划的决定，因此你从来没有采取任何实际行动。一年过去了，你又重了20磅。这是冷漠思维最好的状态，也许也是最沉重的状态。

优柔寡断的思维

那些因犹豫不决而无法做出决定的人表现出优柔寡断的思维。当默认的习惯是花费非常长的时间来评判或提出选项时，可能会造成行动迟缓，甚至于最后不了了之。伊戈尔·安索夫称之为"思维瘫痪"。1965年，在他的开创性著作《公司战略：增长和扩张的商业政策分析方法》（*Corporate Strategy: An Analytic Approach to*

Business Policy for Growth and Expansion）出版后不久，安索夫有了一个顿悟。他认识到，他的战略规划方法正导致公司的经理和领导者变得优柔寡断，这非常具有讽刺意味。一本关于增长的战略著作产生了相反的效果。

经过一番考虑，安索夫成了自己最热心的批评家。他后来引入了一种全新的战略规划模式。优柔寡断的思维不仅突出了一个充满无尽梦想的世界，而且是对进步的公然漠视。如果你表现出一种袖手旁观的倾向，并无休止地设想而拒绝做出决定或前进，最终不仅会影响到你自己，也会影响到你的同事或领导。正如我们将在整本书中阐述的那样，花时间反思、梦想和思考对于成为一名开放的思考者是极其重要的。但我们不能把所有的时间都花在思考可能性上。必须做出决定，必须采取行动。

当表现出优柔寡断的思维时，你可能也会因为有太多的想法可供支配或你的创造力太强而犹豫做出决定。心理学家巴里·施瓦茨在2004年出版的《选择的悖论》一书中指出，大量的选择会加大我们浪费时间、抑郁和焦虑的程度。如果我们提出了太多的想法，或者沉溺在这些想法中，就会变得过于紧张而无法做出决定，后果可能令人担忧。施瓦茨写道："随着选择的增加，做出一个好的决策所需的努力也会增加，这也是选择会从愿望变成负担的原因之一。"

因此，优柔寡断是一个双重问题。我们可能会在梦想的质量和数量上出现问题，我们可能会陷入做出糟糕决策或缺乏决策的泥潭。我们再来看几个工作中的例子。

考虑一下10月中旬的预算申请情况。你的团队已经提出了从1月开始的下一财年的预算要求。你注意到有两个新团队成员的请求，理由都很充分。他们中的一位将致力于支持已经拖慢了团队进度的过度运营任务，另一位将致力于业务开发，帮助团队满足被压抑的客户访问需求。预算中，每年增加的成本为20万美元，但该团队列出的预计收入将增加约50万美元。

你决定仔细考虑一下。3个星期过去了。你向提供信息的团队请求更多信息。又过了3个星期。现在是12月初。到12月中旬，你决定将提案提交给你的老板批准明年的预算。你会发现，在10月下旬，高层领导为该部门在下一财年的其他地方指定了新的投资。要是你早点行动就好了。如果你不那么优柔寡断就好了。

或者换个关于家庭的例子：你和你的家人决定建造一座新房子。这是一项巨大的投资，无论是在时间上还是在金钱上。建筑平面图已提交并获得批准。这个过程相对来说是无痛的。你现在比计划提前了。随着施工的开始和地基的浇筑，你的总承包商要求你开始挑选房屋的装备。你需要对电器、浴室设备、防溅瓦、橱柜类型、地板等做出决定。看起来好像有100万个决定要做。更糟糕的是，似乎有10亿个想法需要仔细研究。因为你认为要审查室内设计的每一个可能的选项，所以你推迟做出决定。本应该是8个月的建设周期，结果却花了12个月，仅仅因为你迟迟不做决定。这两个月的额外费用是6000美元的租金和25000美元的劳务费。值得吗？

僵化的思维

当我们表现出僵化的思维——开放式思维的第三个也是最后一个障碍——我们往往会在没有适当反思的情况下立即采取行动。我们在反思方面表现出缺乏灵活性，反而专注于完成某件事。人们会选择“活动”，而不是“思考”“停顿”“反思”“回应”。他们放弃了喘息的空间，因为这需要太长时间。也许救火比防火更有趣。行动成为最重要的事情。《勇往直前：脆弱的勇气如何改变我们生活、爱、为人父母和领导的方式》（*Daring Greatly*：*How the Courage to Be Vulnerable Transforms the Way We Live, Love, Parent and Lead*）一书的作者布赖恩·布朗完美地捕捉到了这一点：

> 最普遍的僵化表现之一就是我所说的“疯狂忙碌”。我经常说：“当他们开始为忙碌狂开12步会议时，他们将需要租用足球场。我们的文化中有这样一种观念，那就是如果我们保持足够的忙碌，生活的真相就将跟不上我们的脚步。”

一直处于忙碌状态且不习惯于“把事情做好”是有着僵化思维方式的人的行为方式。如果你是领导者并且有这样的态度，很可能会给你的团队带来过大的压力，甚至可能给其他人带来过大的压力。很多人可能会被这样一种信念所愚弄，即忙碌或看起来忙碌是唯一的行为方式。僵化思维者往往急于做出判断。他们的默认习惯是快速做出决定，然后尽快采取行动。他们是那种凭直觉行事的思考者，更糟糕的是，他们只能快速猜测。他们甚至可能认为，展示狂热和混乱的举止是光荣的。

以僵化的思维方式行事有几个风险。信奉行动主义意味着没有时间去想象。当我们没有时间去想象——当极端的忙碌压倒了我们的思考——我们就会错过开发我们智力的机会。我们变得如此全神贯注，执着于行动，根本没有时间去学习。当我们不学习的时候，我们就是在伤害我们自己和与我们交往的任何人。拥有僵化思维习惯的人往往没有意识到自己对行动的偏见。他们创造了一种狂热的文化。他们给自己和他人施加压力，要求他们迅速完成任务，并在完成任务后添加更多任务，为做事而做事的恶性循环成为常态。让我们研究几个例子。

想象一下，你和一些同事几个月前想出了一个非常有创意的想法，但至今仍未付诸实施。这是一个可以为你们公司节省数千美元的项目。为什么它仍未被付诸实施？因为你们公司大部分时间都处于灭火状态，因此你的想法就被搁置了。无论你是领导者还是员工，你都会不断地被召唤去处理一些出了问题的事情。你一直在问自己："为什么我不能做我加入这个公司时所承诺的事情？"压力越来越大。当你继续解决在开放式思维文化中可能不会发生的问题时，你坚持认为在不久的将来情况会有所不同，但一切都没变。你和你的公司一直处于紧急状态。恐慌盛行。每一个问题都像一个"燃烧的平台"，它会变得暴虐。事实上，这是一种紧急状态的暴政。你梦寐以求的创意永远不会被付诸实施，因为你一直被召唤去扑灭下一场大火。这是一种僵化思维的组织文化。

让我们看另一个例子，这次是在你家。每天晚上下班后，你回到家，吃晚饭，然后抱怨后院露台的问题。它是由木头制成的，大约有10年的历史了，但有几个缺陷已经变得明显起来，包括楼梯、栏杆和部分地板。你一直对自己说："我想学习如何修理地板。"但是，每天晚上，你不学习木工修理知识，也不学习相关的课程，而是看奈飞上的无脑电视剧来打发时间。夜以继日地观看多巴胺驱动的节目会加深僵化思维。你忙于看电视，过于关心其他地方发生的事情，而不是学习、思考和计划在自家后院修复一些东西。这是另一种僵化的思维形式，你陷入了疯狂看剧的忙碌之中。

在本书中，我将提到这些思维习惯，通常使用术语“反思”和“行动”作为开放式思维的双引擎。当我们最大限度地把时间花在思考和行动上时，当我们意识到在不断地梦想、决策和行动时，结果就是开放式思维。然而，如果我们把时间花在无法最大化思考和行动的任何组合中，我们最终会表现出冷漠、优柔寡断或僵化的思维方式。当你阅读本书时，这些都是你应该牢记的不良思维习惯。

“战略”的战略

当我还是个孩子的时候，我喜欢玩“战略”游戏，这是一款双人桌面游戏，与斗兽棋和陆战棋有很多相似之处。回想起玩“战略”游戏的日子，我意识到它不仅帮助我学会了如何思考，还教会了我战略的重要性。由于撰写本书而进行的研究使我更加清楚地认识到思考和战略之间的关系。我将用几行文字来强调这一重要性，通过“战略”的例子来说明这一点。

和国际象棋一样，“战略”是一种10乘10格的棋盘游戏，而不是8乘8格的国际象棋。在国际象棋中，每盘棋的目的是将死对手的国王。在“战略”中，目标是夺取敌人的旗帜。每个玩家都有40个标着不同军衔的塑料片，分成红蓝两个队。每枚棋子的一面描绘了等级，如数字1表示将军——最高等级的棋子，而另一面是空白的。当两个棋子在游戏中相遇时，数字较小的一个会消灭另一个。例如，如果数字5和数字7相遇，则数字5将保持不动，而数字7将从棋盘中移除。在游戏开始之前，每个玩家将40个棋子——不包括6个不可移动的炸弹，放在他们自己一侧的棋盘上，4行深，10格宽。与国际象棋不同的是，你的对手只能从他们的一边看到空格。

游戏的第一阶段完全是战略性的，你要决定你的旗帜的位置，并计划防守和进攻的棋子的位置，最终设法夺取对手的旗帜。你可能会在脑海中思考几件事。你是否用全部的6枚炸弹作为防御炮弹来保护你的旗帜？你应该把你的一枚炸弹放在你的第一排，以立即给你的对手造成伤害吗？你将如何发起进攻？由什么级别的军事人员发起进攻？你把你的8号棋子——称为矿工——放在哪里？谁能拆除你对手的炸弹？你会在比赛开始时牺牲几个中级军官来甩掉你的敌人吗？你有没有把这枚棋子放在你的旗帜旁边来保护你的将军？要做的事情很多，要考虑的选择很多，要做的决策也很多。甚至有一种“间谍”可以刺杀将军，所谓“狡猾的间谍”是我最喜欢的部分。

在你开始玩“战略”游戏之前，你会不断地研究各种可能的情况，并与自己讨论应该采取什么样的策略。我记得有一次和我的邻居下棋，他处于优柔寡断的思维状态。他花了超过25分钟来计划棋子的布局。当你只有10岁的时候，这是一个漫长的过程。这是我第一次意识到，并不是所有人都以同样的方式思考，并不是每个人的思维都像他们所能做到的那样有创造性或批判性。我还记得有一次，当我和那个邻居一起玩时，我没有多想就匆忙地整理好了棋子。“我要在游戏中耍他。”我心想。我的僵化思维让我在几分钟内就输掉了比赛。

我们可以从“战略”这样的游戏中学到重要的一课。成功的玩家不断地在创造性思维、批判性思维和应用性思维之间进行计划、评估、解读和转换。他们试验和创新，测试不同的方案，在早期计划被证明不成功的情况下进行修改，做出新的决策并采取行动。《孙子兵法》曾写道:“以治待乱。”当我们的周密计划落空时，我们该如何应对？我们如何重新评估、改变策略并适应？我们怎样才能在思想和行为上保持活力？“战略”是开放式思维框架的第二个有用的比喻。

在“战略”游戏开始时，每个玩家轮流在垂直或水平方向移动棋子。你的军队不能沿对角线方向移动，一次只能移动一个空格。在游戏过程中，你必须不断反思并采取行动。如果你的记忆不准确，就可能给你的对手提供优势。如果你行动太快，让对方轻易看出你的意图，灾难可能就在眼前。如果你花了太长时间才决定移动棋子，你的对手可能会感觉到你当前位置的弱点。你还需要跟踪对手的棋子，哪些是不动的？哪些可能是炸弹、旗帜或诱饵？跟踪你剩下的棋子，同样重要的是，你的对手还剩下哪些棋子，这将帮助你做出如何攻击的决策。

战略不是由3个离散的思维阶段组成的，相反，它是不断进行深思熟虑、判断和反馈的连续体。也许这就是它被称为“战略”的原因。先有战略，然后行动。战略，行动，战略。但在现实中，这场游戏是由持续的战略变化和不断的行动组成的。战略和行动，持续的策略和行动，战略循环。

生活也是如此。如果我们不愿意花时间以创造性和批判性的方式思考，完成一项行动可能会充满问题。因此，所定义的战略将失败。相反，如果我们发现自己完成了一个目标，但遇到了我们计划之外的障碍，我们就必须重新考虑我们的总体战略，重新提出新的想法和由此产生的决策。最后，如果我们只专注于行动，陷于忙碌之中，我们生活中将会增加额外的压力。与此相反的情况是什么？梦想、决策、行动。循环往复。

“战略”（strategy）一词来源于希腊语“strategia”和“strategos”。这些词中的每一个都可以粗略地翻译为“将军的办公室或指挥部”或“军队的指挥官”。你是你自己战略的总指挥，对你自己的想法负责。你掌管你自己的战略游戏、你自己的生活。你的战略和你思考与采取行动的方式是交织在一起的。这就引出了一个问题：你愿意持续制定战略吗？或者，也许你满足于成为对手侧翼进攻的牺牲品，遭受失败的耻辱，因为你太固执，不愿重新审视自己最初的想法和决策。

思维之槌

“我们需要一个缓慢思考的行动。我们面临思想危机。同理心需要重新浮出水面。”不列颠哥伦比亚省首府维多利亚市市长丽莎·赫尔普出人意料地直言不讳。维多利亚也是我的第二故乡。在温哥华生活了17年后，我于2011年夏天搬到了维多利亚。维多利亚州大约有40万人口，分布在被称为重要地区的各个城市，它位于温哥华西南约10千米处，被佐治亚海峡隔开，佐治亚海峡是一大片水域，到处都是海豹、虎鲸和令人叹为观止的美景。这里没有桥梁，所以从温哥华到维多利亚需要90分钟的汽车渡轮、35分钟的水上飞机或直升机服务，或者12分钟的航空飞行。

丽莎在2014年11月首次当选市长。我对她的政纲很感兴趣，但更让我感兴趣的是她的行为方式。在她当选后，我更加关注她的行为、行动和决策。多年来，我采访、会见了许多政治家，并与他们有过社交往来。丽莎和其他人不一样。“我认为我带进这个办公室的关键是批判性思维。”她在她朴素的工作场所接受采访时说。丽莎放弃了历史学博士学位，转而攻读政治学博士学位，她认为正是她横向思考，即评估如何将三四个完全不同的东西编织在一起的能力，帮助她当上了市长。

“我一直在寻找这些联系，有明显的联系，也有不明显的联系。我的愿望是让世界变得不同，让世界变得更美好。”丽莎认为，社会已经陷入了思维定式。“这是我的担忧，”她坦承，“人们做决策的速度太快了，因为他们可能已经在Facebook上了解了3件事。另外，我喜欢在任何情况下都可以选择改变主意，这是我从事这份工作的优势之一——我的思维能力。市长工作中最大的挑战之一是在政治上没有太多周到的想法。我们所有人，无论是政治人物还是公民，都需要接受这样一个事实：我们是在想法和思想的基础之上发展起来的。我们需要更多地为彼此着想，也需要改变我们的想法。”

丽莎的坦率让我想起了不列颠哥伦比亚省的另一位市长格雷格·摩尔。格雷格自2008年以来一直担任高贵林港市的市长。高贵林港位于温哥华以东4千米处，人口约6万，位于被称为“下大陆”的地方。

执政10年后，格雷格在2017年宣布2018年不寻求连任。自2012年以来，格雷格还担任温哥华大都会（Metro Vancouver）主席，这是一个由21个市政当局和原住民团体组成的联合会，代表大温哥华地区250多万居民，共同规划和提供区域性服务。

格雷格说：“我的思维方式一直是赋予我周围的人权力，与尽可能多的人进行尽可能多的对话是非常重要的。在这些对话中，即使你有自己的观点，你也必须保持开放的态度。你必须准备好改变你的观点。”最终，格雷格尝试在他的社区内创造一种环境，在这种环境中，人们的思维方式是开放的。

格雷格强调，他自己的成功，或者任何受人尊敬的政治家的成功，都是基于创造一个以开放式思维为特征的环境的能力。他说：“表现出你能够创造性地思考，在决策和行动过程中对改变持开放态度，这样你就会成功得多。”

格雷格详细阐述了他的开放态度：“政客们有一种感觉，即使没有答案，他们也总要有答案。我不相信这一点。在一个公开的问答环节中，有人可能会问我：‘你想过这个吗？’我会说：‘不，我没有，那太好了。让我考虑一下你的反馈，我考虑一下，然后再回复你。’”格雷格倾向于从别人那里获得一个想法，然后将其融入对话或未来的想法中，这是他的优势之一。但这是一项艰巨的任务。只有开放的思考者才会说：“我不知道。”

正如斯蒂文·德·索萨和狄安娜·雷纳在2014年出版的《未知：将不确定转化为机会》一书中所描述的那样：“尽管存在潜在风险，但承认我们不知道可以让我们和周围的人产生一种联系感。”这种承认中的脆弱和谦逊可以让我们更接近和我们一起工作的人，可以让他们参与到向前迈进并试图解决手头问题的挑战中。当我们共同面对最大的挑战时，权力差异和等级结构就变得无关紧要了。

丽莎认为，任何市长都应该进行“公开的公共工作”。她坚持认为，由于这一点，她和她的市政府的想法应该是开放的。但她遇到了和格雷格一样的问题：“如果我在广播上说了什么，公众很快就会说：

‘哦，市长要这么做了。’但如果我修改方案，就会变成‘市长反复无常’。这与刻板思维有很大关系。想法永远不会是一成不变的。这完全不是人类的思维。我们要认识到，即我们是在想法和思想的基础上发展起来的。这就是人类取得进步的方式。这就是开放的思维。”

两位市长都强调了一个关于开放式思维的关键点——保持开放。这听起来即使不是陈词滥调，也有些过于简单了，但在开放式思维的3个类别中，正是他们对新想法——来自几乎任何人的观点和反馈——保持开放的能力，使他们能够在自己的城市成就伟业。仅仅展示创造性思维、批判性思维和应用性思维是不够的。我们必须保持警惕，并对他人的新观点或新想法改善最终结果的可能性持开放态度。开放式思维必须被认为是不断发展的。它是迭代的。

学者兼建筑师凯娜·莱斯基认为，开放也会带来意外的发现。“我觉得灵感会在你最意想不到的时候出现。”她说。在她30年的职业生涯中，凯娜观察到，当人们脱离他们的日常习惯时，往往会出现一个新的想法。这可能会改变正在进行的事情。凯娜强调了诗人雷纳·玛丽亚·里尔克关于“匆匆一瞥”的一段话：

我与它亲密无间，
只因匆匆一瞥，
即便只有些许关系，
即便习以为常。
就是这样的一瞥，
使我突然停了下来，
专注地凝视着。

凯娜接着说：“在有条不紊地寻找某样东西的过程中，我会停顿一下，为‘匆匆一瞥’留出空间。这并不意味着你可以放松地坐等它的到来。努力工作使我们善于接受发现的源泉。它之所以是一个发现，恰恰是因为它不是已定义模式的一部分；因为它不符合你的思维。它颠覆了你知道或你认为知道的某些方面。这种转变是创造力的种子。作为一名教师、设计师和艺术家，我总是回头发现，这匆匆一瞥就像整个过程中的指南针。”

格雷格分享了一段宝贵的经验，是关于他了解到僵化思维和开放式思维之间的区别的时候。这是他自己对上文中“匆匆一瞥”的诠释。“我几乎经历了我一生中最大的灾难。”他说。他在2008年第一次担任市长时，高贵林港地区有大量无家可归的人。在宣誓就职之前，格雷格有一天向市政厅的窗外望去，看到有人用公交候车亭作为他们的家。格雷格派他的首席行政官去拆除候车亭顶上的玻璃。他不想让无家可归的人住在市政厅一览无余的地方。他采取了行动，但最终未能平衡需要反思之处。

格雷格现在认识到这是一种目光短浅的僵化思维行为。“我的决策影响了整个无家可归者群体，”他说，“他们很生气。他们计划在市政厅的草坪上安营扎寨，以示反抗。”作为家乡的新市长，他知道如果“帐篷城”成为市政厅的固定设施，它是不会受欢迎的。“我认识到我的错误，决定和无家可归的人聊一聊。我邀请他们到市政厅，让他们知道我正在成立一个无家可归问题特别工作组。”格雷格不仅想纠正错误，他还知道，倾听无家可归者的意见并让他们参与进来，最终结果会更好。

格雷格的最终目标是解决无家可归的问题，而不是挑起争斗。他为自己的错误判断道歉，听取了他们的想法，然后提醒自己要使用开放的思维模式。“我当场就要求他们加入工作组。”格雷格意识到，要想发生改变，就需要一种不同的、更具包容性的思维方式。他不仅要求无家可归者加入工作组，还要求当地商界领袖加入。“商界领袖后来对我说，这是我们有史以来最重要的工作、最重要的工作组。这给两种不同类型的群体都带来了很大的帮助。但如果我一直保持封闭的心态，这一切就不会发生。”

丽莎分享了另一个例子，说明开放式思维比僵化或冷漠的思维更有价值。作为2015年的战略规划，维多利亚市投票决定，在主要干道上建立一个大规模的自行车网络。市政府从哥本哈根和阿姆斯特丹等自行车友好城市聘请了一个国际专家团队来帮助制订该计划。他们的第一个错误是匆忙地给它起了个名字。“我们把它叫作‘Biketoria’，这是一个巨大的错误。”他们没有向其他人征求意见和反馈，而是匆忙地给这个自行车网络命名，因为维多利亚市政厅的每个人都觉得给这个项目迅速起个朗朗上口的名字是合适的。

“我得到了很多关于这个名字和我们做法的反馈，”丽莎说，“情况不太好。有一天，我受到当地一位官员的邀请，要我出去喝杯咖啡。我们坐下来，讨论了整个计划。他抓住了大部分反馈所暗示的信息，不是关于自行车的，它应该是关于健康的。通过反复的反馈与倾听，我们意识到我们过于关注一个名字和方法，而没有足够关注让人们参与进来，以帮助我们尽可能地把事情做好。”丽莎从僵化的思维——快速、短视、低反思的行动转向开放的思维，结果市议会舍弃了Biketoria这个名字。

即使在建设自行车道的过程中，丽莎也意识到有必要更加开放和包容。她说："潘多拉街的自行车道一期工程进行得比较顺利，大多数人都很开心。但是，当我们进入项目的另一个阶段时，我们开始进行不同的对话。福特街和潘多拉街有不同的意见和商业需求。我们停了下来，开始向人们征询如何让这个项目对每个人都更好。"项目团队后来对福特街上的企业和感兴趣的居民进行了逐个分析，以更好地了解他们的问题，并找出潜在的解决方案。该项目的其他阶段也将采用同样的方法。重要的是要认识到，如果我们急于求成，开放式思维可能会被错过。如果我们忘记征询别人的意见，我们可能会错过更好的东西。

丽莎补充说："我确实认为我们社会中最大的障碍是缺乏真正的对话和批判性实践。人们普遍缺乏同理心。移情是开放式思维的一种批判性实践，它使我们以不同的方式做事。缺乏参与对话的意愿是我们需要克服的问题。"丽莎和格雷格都给我们上了重要的一课，告诉我们在进行开放式思维时要有同理心。无视或忽视他人的感受很容易导致僵化的思维。

在2017年的职场同理心调查中，某家科技公司发现，只有不到一半的员工认为他们的组织有同理心，而85%的员工认为同理心被严重低估。正如我们将在第四章中所说的那样，认知、情感和共鸣是开放式思维的关键成功因素。戴尔·卡内基1937年出版的著作《人性的弱点》中引用了亨利·福特的话："如果说成功有什么秘诀的话，那就在于能够站在他人的角度和自己的角度来看待事情。"80多年前，福特设身处地为普通市民着想，感受到了他们的痛点。人们需要的不是一匹跑得更快的马，而是一辆经济的机动车，一些可以帮助社会上其他人的东西。

丽莎和格雷格等领导者帮助我们理解同理心在我们的社会和开放的思维中的重要性。正如学者乔治·库罗斯在他2015年出版的著作《面向未来的教育：给教育者的创新课》中所写的那样："要创造新的、更好的做事方式，我们首先需要了解我们是在为谁创造这些。"

WE：拥有开放式思维的"叛逆者"

"我的团队经常听到我说这句话，每天至少5次：'以终为始。'我们想要达到什么目的？那么，让我们一起梦想，然后努力实现它。"

这是马克·凯尔伯格的话，他是WE的联合创始人，这是一家将寻求改变世界的人聚集在一起的社会企业。作为全球数百万年轻人的传奇领袖，马克和他的弟弟克雷格·凯尔伯格的开放式思维的故事从他们很小的时候就开始了。从十几岁到20岁出头，凯尔伯格兄弟表现出了一种好奇心，他们想要了解第三世界地区的儿童为什么以及怎样遭受苦难。无论是在牙买加的贫民窟、在南亚的血汗工厂，还是在泰国的街头，凯尔伯格兄弟都热心地帮助那些需要帮助的人。这是一条线索——要想成为一个开放的思考者，一个人必须拥有开放的思想。马克、克雷格给了我们更多的启发。

无数次的旅行——包括兄弟俩邀请其他人加入他们——播下了一颗重要的种子，让他们找到了一个慈善机构，一个将帮助他们在肯尼亚、尼加拉瓜和印度等地建造学校的慈善机构。"因为我们能够从多种角度思考问题，"马克说，"我们认为一切皆有可能。"兄弟俩和他们的新基金会一开始只建了一所学校，然后是10所，然后是100所。他们现在已经建造了700多所学校，今天全世界有超过20万名儿童在这些学校接受教育。这只是他们创造性、批判性和应用性思维方式的开始。“大人们叫我们去上学，而不是去建学校，”马克笑着说，“但我们知道，我们的工作关乎一个深层次的目标，这也是我们想要实现的目标。我们在很小的时候就有不同的想法。”

凯尔伯格兄弟通过建立学校回馈社会的想法最终使他们创立了今天的企业——WE，“这是一场将人们凝聚在一起，并为他们提供改变世界的工具的运动”。WE由多个实体组成，包括WE慈善、ME to WE和广受欢迎的“WE日”—— 一年一度的庆祝青年人在当地和全球社会做出贡献的节日，每年都有数以万计的年轻人参加这个节日。赛琳娜·戈麦斯、魔术师约翰逊、贾斯汀·特鲁多、米歇尔·奥巴马、肖恩·门德斯、阿尔·戈尔、沙奎尔·奥尼尔、简·古德尔等人都曾在活动上发言。整个WE现在有400多名员工，它的蓬勃发展影响着数百万人。

马克重申：“我们的思维过程很简单：从目的出发。这不是我们的事，而是大家的事。我们首先考虑的是我们的利益相关者，而且一直都是这样。这关乎我们与谁交谈，以及我们正在做什么来实现我们的目标。我们正在用我们的思维挑战慈善事业。”在我们的讨论中，我清楚地意识到，马克、他的兄弟克雷格和整个WE团队的思维过程始终处于发展之中，不断打破现状，从不故步自封，同时热衷于相信自我驱动的思维方式与开放式思维的理念如出一辙。

马克说：“我们已经改变了我们的思维模式，这样我们就能确定我们合作伙伴的目标，并以此为基础来形成我们的想法。很多人都被缺乏自我觉醒的意识所困扰，他们太为自己着想了。他们会想着自己有多棒，以自我为基础的思维机制最终会给他们带来伤害。但对于我们这样的机构来说，我们首先会考虑我们要与谁打交道，作为一个团队找到交叉区域，然后通过梦想——决策——行动的循环来完成这项工作。”

在我看来，很明显，马克和WE组织的思维模式类似于开放式思维。WE是一个蓬勃发展的大家庭，它的思维文化是这样的，即员工无论级别或职称，他们都是平等的，他们被信任会做正确的事。通过以终为始，组织会释放其创造性和批判性的思维习惯，以便确定如何完成它。从那时起，在应用性思维阶段，马克坚定地认为，如果事情进展不顺利，他们不怕重新转回创造性思维或批判性思维——作为一个开放式思维者，思维迭代是多么重要啊！

马克的洞察力也让人们关注到许多组织的僵化的思维习惯。“我们很难让老年人加入我们，因为他们在大公司工作过，习惯了一种非常具体、专注和狭隘的工作思维。他们似乎很难像我们的WE文化提倡的那样去梦想和决策，更不用说行动了。我发现今天的公司往往把你的想法限制在几厘米长的盒子里：‘这是你的职责范围，请不要偏离。’这不是我们在WE的思维文化。归根结底，我们都在为梦想、决策和行动提供帮助。例如，如果我收到一封要求批准的电子邮件，我会说：‘这不是关于我们的，而是关于其他人的，所以你来做主吧。’这样的想法必须从最高层开始。否则，在很多情况下，模式会变得规范化，而我们的文化永远不会是这样的。”

在本书中，我们将听到像马克、丽莎和格雷格这样的人表达他们的想法，并分享他们对开放式思维的见解。具体而言，对马克来说，

WE的成功可以归功于他和他的兄弟从小就拒绝思想上的封闭。今天，来自不同国家各行各业的数以万计的人们拒绝受制于冷漠、优柔寡断或僵化的思维，这对他们产生了积极的影响。

女帽店的启示

2016年5月24日，“悲剧嘻哈”乐队在其网站上发布了一份简短的声明——乐队主唱戈德·唐尼被诊断出患有一种罕见的脑癌——多发性胶质母细胞瘤，这个消息让“粉丝”们感到震惊和沮丧。紧随其后的是“终点站”一词。第二天，乐队又宣布了另一件事：他们将最后一次在加拿大巡演，7月22日从维多利亚开始，8月20日在乐队的家乡安大略省金斯顿结束。

那年夏天，我有幸参加了一半的音乐会，从维多利亚开始，到金斯顿结束。从1989年开始，我就是这支摇滚乐队的“粉丝”。戈德在那次巡演中第一次出现在维多利亚的舞台上时，那是一个我永远难以忘怀的时刻。他穿着多伦多设计师伊兹·卡米莱里精心制作的闪亮的粉色金属西装亮相。“多棒的出场方式啊！”我心里想。人群中的欢呼声似乎永无休止。一顶洋溢着绝对独特性的软呢帽进一步点缀了他令人眼花缭乱的舞台服装，它又大又大胆，左边缀着看起来像孔雀羽毛的东西。作为一个自称“帽子佬”的人，我立刻被打动了，甚至有点嫉妒。

戈德为那次巡演特意定做了6顶与众不同的帽子，每顶都是由利利普特女帽店的卡琳·鲁伊斯设计的，这是多伦多“小意大利”社区的一家定制传统女帽的小店。我联系了卡琳，问是否能去她的店里看看。部分原因是，我想看看戈德·唐尼那些特别的帽子是在哪里制作的。但我的好奇心很快转向了帽子本身。在这里，帽子的设计、制作和销售是同时进行的。每顶帽子都是由6名员工手工制作的。虽然我为了写这本书采访了50多人并进行了大量的数据、历史和学术研究，但这家女帽店和卡琳·鲁伊斯的领导力让我印象深刻，这是开放式思维的一个极好的象征和例子。

当你拉开那扇有粉色和黑色镶边装饰的实心橡木门时，你会看到五彩斑斓的颜色、难以忘怀的气味、讨论的交响乐，以及踩在旧木地板上吱吱作响的声音。虽然外面的建筑闪耀着“小意大利”的骄傲，店内却躺着一颗真正炽热的宝石。

当你第一次走进去的时候，墙上有几顶帽子待售，有几顶放在齐膝高的展架上。再往前走几步，经过放着沙发的休息室，你就走到设计师工作区了。没有密室，没有隔断，一张桌子上布料散落，几台缝纫机嗡嗡作响，蒸笼冒着蒸汽，还有一面墙似乎摆满了木制的帽子模具。当你转来转去的时候，你会不由自主地感觉到你正在一道移动的彩虹中间游行。颜色是电光火石一般，充满活力，似乎无穷无尽。店里的工作人员和顾客之间的讨论仍在继续。这是一次不可思议的神秘之旅，我立刻就爱上了它。

无论是在当下还是在做长远规划，我发现这家女帽店有一个不断梦想、决策和行动的团队。利利普特女帽只使用近期最好的材料和传承下来的精湛工艺，由于其开放式思维文化，这家店自20世纪80年代末以来一直在营业。卡琳和她的同事习惯于在客户截止日期的压力下，同时进行创造性和批判性的思考。帽子必须自己做。不能采取不完整的行动。但创造性思维和批判性思维是艺术与科学的结合。当我观察到在这个不拘一格的女帽店里工作的工人时，我被她们的开放式思维深深打动了，于是我想出了一个主意：在本书的每一章结束时，都要用上关于卡琳和她的团队的一两条观察结果。

现在，戴上你的帽子，让我们开始认真地讨论创造性思维吧。

第二章
创造性思维

在思考的孤独尽头

别人看到了是什么，并问为什么。我知道会发生什么，并问为什么不。

——巴勃罗·毕加索

如果在21世纪初，你在水中游泳时，不知为什么发现附近有一个白色排球，你很可能听到有人带着喜剧般的恐慌尖叫着“威尔逊”。

汤姆·汉克斯在2000年上映的电影《荒岛余生》中饰演联邦快递系统分析师查克·诺兰，他的工作要求他周游世界，以确保联邦快递发货站尽可能高效地运营。在平安夜的一次意外旅行中，诺兰发现自己坐上了一架飞往马来西亚的飞机。但诺兰没能到达目的地，他乘坐的飞机失事了，而他幸存下来。他发现自己被冲到了一个遥远的太平洋岛屿上，除了可以从几个联邦快递箱中抢救出来的东西，没有任何形式的通信和物资。快递箱为诺兰提供了一些基本的工具和一个朋友——排球威尔逊。

《荒岛余生》为我们提供了一个开放式思维框架的流行文化范例，这是我们开始探索创造性思维组件的一个有用之处。诺兰对工作的强迫症和上瘾是当今许多人的典型特征。

首先，他忽视了他的女朋友凯莉，以及她希望保持一段良好关系的愿望。其次，他大约超重50磅，这是一个信号，表明工作要么让他精疲力竭，要么给他带来压力。工作是第一位的，健康和人际关系是次要的，他给观众的印象就是一个普通的工作狂。

今天，许多人都在与跟诺兰相同的性格缺陷搏斗，那就是过于热衷于把事情做好，总是忙碌着，而没有事先进行创造性的思考。持续忙碌是他对自己职业生涯的理解。他唯一的想法就是尽快完成一项任务。暂停并进行创造性的思考对诺兰来说是陌生的。这就是联邦快递系统分析师的生活，他的成功是以包裹递送到客户手中的速度来衡量的。

飞机失事后，诺兰不仅表现出恐惧，而且表现出他在工作中那种急于判断的行为。在岛上的第一个晚上，诺兰注意到离海岸几公里远的一艘货船发出的光，他认为救援即将到来。黎明时分，他抓起一只断了的桨，开始在一艘只有一半船体充气的小艇上划桨。他被海洋的力量阻挠，在这个过程中，他翻过船，并被珊瑚割伤了腿。诺兰没有创造性地思考他的选择，而是跳到应用性思维——快速完成任务，最终惨遭失败。当他试图生火煮螃蟹、结果造成进一步伤害时，这种倾向再次显现出来。

他在荒岛生活4年后，观众看到了一个苗条、健康和精明的诺兰，他已经学会了适应新环境。他显然是一个时间充裕的人，一个为了生存而被迫进行创造性思考的人。作为岛上唯一的居民，生活于他已经成为一个思考的连续体。他的处境形成了他令人印象深刻的高级形象。诺兰现在是一个开放的思考者。

例如，诺兰利用太阳和岩石上的裂缝来确定时间，他在洞穴的墙上设计了一个日历——他不用昂贵的文具或数字设备即可计算日期和月份。他依靠空椰子和降雨构建了一个复杂的淡水收集系统。还有其他例子可以证明诺兰是如何在认知和身体上将自己转变为更好的思想家的。他处在思考和行动、反思和行动的新的连续体中。他一直在梦想、决策、行动。

也许最能说明诺兰新的开放式思维方式的故事是当一扇便携式厕所门出现在岸上时。诺兰坐在海滩上，可信赖的威尔逊在他身边，他若有所思地盯着这扇门，经历了一段令人痛苦的长时间的沉默。他似乎思考了好几天，就如何处理这扇门思来想去。突然，诺兰对威尔逊尖叫道："这可能行得通！这可能行得通……"

这扇门成了诺兰逃离小岛的船帆。多年来，他一直在考虑如何克服这些强大的海浪，并尝试回家。他不仅设想了如何使用这扇门，而且还分析了使用它的利弊。做出决定后，就该建造木筏了。他还必须确保船上备有足够的粮食和补给。在3个月的时间里，诺兰处于创造性、批判性和应用性思维的持续循环中，以便用新船帆建造木筏。他的思维和行动习惯现在与手头的任务同步了。诺兰在不断进行头脑风暴，推理，测试，并采取行动。可以说，他充分展示了开放式思维的连续性。

如果便携式厕所门在飞机失事后几天被冲上岸，汤姆·汉克斯饰演的角色很可能会立即将其用作屋顶，而不是作为船帆。这就是当今组织中许多员工和领导者所面临的困境。仓促思考已经成为许多人的问题。我们急于采取行动，因为我们已经被灌输了一种“事半功倍”、快速完成任务的心态——而不是停下来创造性地思考我们应该做些什么。我们没有停下来去考虑各种可能性，这使得我们的判断和决策能力变得很弱。

我们的组织中充斥着刚刚登陆荒岛的查克·诺兰，而不是撤离荒岛的查克·诺兰。无论是员工还是领导，对冲到岸上的便携式厕所门，对远处灯光发出的诱惑，以及对生火的持续渴望的反应都太快了，而没有创造性地考虑正确实现的可能方式。我们为什么不在采取行动之前先犹豫一下，创造性地思考一下呢？为什么我们要匆忙下结论呢？为什么我们一定要先行动，然后再幻想可能性呢？为什么我们看起来这么急于求成？为什么我们要做出如此草率的决定呢？

本章探讨了这些问题。具体地说，我们将分析创造性思维的各种阻碍和限制。

缺少组件的纸塔

在20世纪90年代末至21世纪初，我在BCIT领导了为成人提供高等教育的项目。在这个项目中，我会定期与一批完成了第一学期学习的学生一起进行练习。这个项目为期一年，旨在帮助已经拥有学位的成年人学习商业、领导力和高科技。

在第一个星期五的下午，我把这个30个人的班级分成5个小组，每组6人，并把他们的名字写在白板上。然后，我指示他们从主教室转移到指定的会议室，它们可能在楼下或楼上。我唯一的口头指示是这样的："去分配给你的房间，阅读桌子上信封里的指示，然后完成你的任务。"除了告诉他们我会遵守这些规则并且不允许和我交谈，我没有提供更多的规则。活动结束后，我们会回到大教室，进行集体讨论。学生们兴奋得头晕目眩，匆匆冲出教室大门，奔向他们的探索之旅。

补充说明一下，每个小组的平均年龄约为35岁，学生的累计工作年龄超过300岁。他们有丰富的专业经验。每个班级都有很多不同的学术背景。这些学生共有40个高等教育学位和文凭，总计接受高等教育近140年。

每个信封里都有一张纸，上面写了一些基本说明。还有各种各样的材料，包括钢笔、各种颜色的建筑用纸、胶水、订书机、剪刀、尺子、胶带等。说明书大概是这样写的：

> 仅使用本信封中的材料，你和团队有45分钟的时间来构建以下结构。完成后，请回教室。

在这条简陋的信息下面是一张图，非常具体地（用精确的尺寸、比例和颜色）勾勒出一个物体的外观。学生们被要求用几层纸和吸管建造一座塔。我提供了一些材料，让他们都开始工作。这样一来，学生们就可以有一个好的开端。但要想让这个实验成功，还必须引入一个挫折。在小组不知情的情况下，我从每个信封里都扣留了一些材料。由于缺乏成功建造这座塔的原材料，每个小组的项目都注定会失败。

例如，学生们可能需要剪刀来准确地剪纸，但剪刀不见了。塔的某一层需要一种特定颜色的纸，但可能在信封中找不到。其中一组将没有任何东西来将塔连接在一起，如胶水、胶带或订书机。有些人可能会丢失一把尺子，从而迫使他的小组只能猜测尺寸。

在5年的时间里，我进行了15次这样的思维实验。在每次实验中，我都会从一个房间走到另一个房间，观察这些受过高等教育和有经验的人正在做什么。这些小组最初的反应都是以下3种方式中的一种。

- 独裁。一名男性或女性会立即负责并向团队宣读说明书。同时，他们还将扮演总承包商的角色，指导人们按照自己的想法来建造纸塔。其他人立即屈服了。这位领袖信心十足，指点江山，其他人都听其号令。事情办得很快。这是僵化思维的一个例子。
- 恐慌。无论是一个人看说明书，还是小组同时阅读，在快速整理了所有可用的材料后，小组很快达成共识，认为这项任务是不可能完成的。很明显，他们可能没有尺子或剪刀，因此房间里弥漫着一种恐慌感，不知道下一步该做什么。他们快要失败了，所以他们持观望态度。“我们该怎么办？”他们经常恐慌地发问。这个小组的犹疑不决妨碍了他们更具创造性的思考。优柔寡断的思维占据了上风。
- 无望。没有惊慌失措，小组成员依靠过去的思维习惯活动。在阅读说明后，这些小组通常会为每个人分配任务。他们更加有条不紊。即使分配了任务，团队也会得出结论：这项任务是不可能完成的。他们也许能完成几层楼，但当他们无法完成全部任务时，对现状的冷漠思考就成了常态。他们既没有采取行动，也没有反思。

在我组织这项活动的15次里，有5次，情况不太一样，发生了一些神奇的事情。一些学生意识到，他们目前的思维方式必须改变，就像电影中的查克·诺兰一样。如果要完成目标，他们必须开始不同的思考，给团队注入一些新的梦想，并决心成功地完成这项活动。

那是什么魔法？没有任何指示表明学生必须待在分配给他们的房间里。当然，他们只被允许使用信封里的材料。

而且，也并不排除与其他小组合作。这些小组在任何时候都没有被锁在会议室里，也没有被告知必须待在原地不动。每次做这项练习时，学生通常会认为他们要在指定的房间里独立工作。

在这5次中，与另一个小组合作的想法总是会在几次尝试建造纸塔失败后被付诸实施。没有一个小组在第一次失败的时候就停下来考虑建造这座塔的各种可能方式，相反，他们引用了开放式思维3个阻碍因素中的一个，大多数小组最终都失败了。对于那些成功的小组来说，与其他小组合作的想法通常出现在第25分钟左右。一旦这个想法浮现，小组成员就会迅速冲出分配给他们的房间，沿着大厅奔跑或乘坐电梯找到其他小组。在活动开始时，没有人注意到其他4个小组在离开大教室之后去了哪里，所以现在还得先去找到一个可以合作的小组。

有一次，两个小组同时走出房间，几乎相撞，因为他们差点把我撞倒。这两个小组很快团结了其他小组，完成了任务。3个小组几乎同时出现。但另外3次，当“顿悟时刻”到来时，一个孤独的小组四处奔跑，试图说服其他小组：他们必须合作才能完成这座塔。对于得出“必须合作”结论的小组来说，说服工作成了这项练习中难度最大的部分。最终，他们设法打破了45分钟的时间限制。

但其他10次的情况是，每个小组都留在了自己的房间里。他们认真地试图建造那个纸塔，但因为不与其他小组合作是不可能做到的，所以没有一个小组能够成功地完成任务。他们都失败了。而总有一些独特的想法。如果一个图层需要红色纸张，而他们的信封里没有，有些人会用钢笔写上“想象这个蓝色实际上是红色”。还有些人试图通过建立他们自己的测量系统来重建所需的尺寸，当然是按照他们自己定义的规模。

不管是否成功完成任务，45分钟以后，我们总是以30人的队列回到大教室汇报、讨论。

毫无疑问，学生们会说，他们对进入会议室感到非常兴奋，以至于完全忘记了从活动一开始就可以联系的其他人。许多人不明白为什么他们会跑到会议室去。有些人会讨论为什么他们觉得有必要关上会议室的门。“这是一场比赛，我们想赢。”这是一种正常的反应。但我从来没有把它办成比赛，也没有奖品可得。

学生们一到会议室，往往会事后诸葛亮般地发问，为什么在看完了说明书后他们会立即进入建造纸塔的执行阶段。另一种普遍的反应是：“如果我们先停下来，想一想建造这座塔的各种不同方式，我相信我们可能会成功。”

多年来，大约有400名成年人经历了这一练习，他们中没有人一开始就问这样的问题：“为什么我们不先和其他小组合作呢？”一个也没有。2/3的小组从未完成过这项任务，这经常提醒我，许多人要么忘记了，要么从未领会过开放式思维的意义。这需要保持开放的心态，以不同的方式思考。我们不能用我们对过去思维习惯的认知偏差和嗜好作为将来更好思维的基础。正如丹尼尔·卡尼曼所说："认知偏差来自当你有了一种解释，并且你采纳了它，然后，由内而外地，你强迫一切都符合这种解释。我们知道这是一个解决歧义的认知过程，在思维中也很可能出现类似的过程。"

纸塔练习表明，我们每个人在现有的思维习惯中都存在一定程度的"查克·诺兰"，刚刚登陆荒岛的查克·诺兰。开放式思维的目标是不断地梦想、决策和行动，而不是过于冷漠、优柔寡断或僵化。

开放式思维抑制剂

约瑟夫·坎贝尔是我最喜欢的作家之一。这位著名的美国神话学家兼演说家被认为通过他的精神自传《英雄之旅》影响了许多编剧、导演和小说家。坎贝尔这样描述这段旅程："一个英雄从平凡的世界冒险进入一个超自然世界——在那里获得了难以置信的力量，并赢得了决定性的胜利，英雄从这场神秘的冒险中回来，拥有赐福于他的同胞的力量。"我对这个模型最喜欢的运用可能是导演乔治·卢卡斯将其融入卢克·天行者[①]的旅程和最初的星球大战传奇中。

但在坎贝尔的理论和他的生活方式中，有时被忽视的是时间的宝贵组成部分。这是我将在整本书中反复强调的东西。坎贝尔坚持通过深思熟虑来过他的生活。他允许自己进行创造性的思考，并给自己留出时间去思考。他在采取行动之前会停顿一下。他在继续前行之前会仔细考虑一下。这就是奇迹发生的地方（或许也是发生的时间）。

① 卢克·天行者是乔治·卢卡斯导演的著名科幻电影《星球大战》正传三部曲中的主要人物。

例如，坎贝尔在20多岁时从哥伦比亚大学的一个博士项目退学，当时他的教授告诉他，神话不适合作为论文的课题。在接下来的几年里，他四处旅行，倾听并吸收生活所提供的一切。坎贝尔独自酝酿着《英雄之旅》背后的理论，在巴黎和欧洲其他地区度过了一段时间，他最后来到了纽约的伍德斯托克，在那里他花了两年的时间阅读和思考更多的东西。通过这些经历，他创作出了可以说是他最著名的作品《千面英雄》，这本书为《英雄之旅》打下了基础。

坎贝尔在书中写道："我们的目的不是看到，而是要认识到一个人就是那个本质；那么，一个人就可以作为那个本质自由地在这个世界游荡。此外，世界也是如此。自我的本质和世界的本质：这两者是一体的。因此，分离、撤退不再是必要的。无论英雄在哪里游荡，无论他做什么，他总是沉浸在自己的本质之中，他有完善的视角，可以看得更清楚，不会把自我的本质和世界的本质分离开来。因此，正如社会参与的方式最终可以实现个人的'一切'一样，游荡的方式也会把英雄带到'一切'的自我中。"这里的关键词是"游荡"。当你允许自己停顿、反思、思想游荡时，它就变成了你自我的一部分。如果你能把游荡融入你的整体行为中，你就更有可能练习创造性思维。一旦你允许自己反思，就更容易实现开放的思维模式。如果你是一名领导者或高级管理人员，反思是你带来新想法、创新和突破的关键途径之一。

正如第一章中提到的，如果你没有花足够的时间思考，再加上对行动的蔑视，你就会变成一个冷漠的思维者。你的思维是懒惰的，因为你接受了现状。改变将是艰巨的，无论是对你自己，还是对你工作的团队和组织来说都是如此。然而，就像"被遗弃"的查克·诺兰一样，如果你没有花时间让你的思想游荡或做梦，而急于得出结论或采取行动，你就阻止了任何开放式思维的机会，你可能永远不会在特定的情况下获得新的想法或创新。当然，如果你花了太多的时间思考，而没有采取任何行动，那么你很可能是优柔寡断的，无法向你的目标推进。

埃里克·乔丹是代号娱乐公司[①]的CEO，他提供了宝贵的见解。他穿着苏格兰短裙、齐膝皮靴和格子衬衫，边喝咖啡边和我聊起了他的电脑游戏公司。这个公司已经推出了几款流行的益智休闲点击游戏，这些视频游戏也被称为增量游戏，由玩家在屏幕上执行简单且可重复的动作来获得某种形式的金币。这种金币作为一种奖励，可以解锁新功能。

代号娱乐公司最受欢迎的游戏之一是“十字军失落的圣物”，这是一款屡获殊荣的休闲点击游戏，玩家在游戏中解锁新的“十字军”，升级它们，收集装备，获得成就，从而在奇幻世界中继续前进。它是Kongregate.com上超过10.9万款游戏中最受欢迎的游戏之一，在基于电脑的娱乐平台Steam上的游戏中，它一直位居前1%。“十字军失落的圣物”是唯一一款包含编队功能的休闲点击游戏，玩家在游戏中学习如何将各种角色组织成尽可能强大的、能够摧毁怪物的队形。但“十字军失落的圣物”几乎从未出现过。尽管它是一家游戏公司，一家必须在其工作领域进行创造性思维的公司，但僵化思维已经悄悄渗透到该公司的经营理念中。

在发布“十字军失落的圣物”之前，该公司已经发布了另一款游戏，名为“泰坦碎片”。用埃里克的话说，“这是一种过于专注于行

① 代号娱乐公司（Codename Entertainment）是一家电脑游戏公司，于2008年在不列颠哥伦比亚省维多利亚市成立。

动和思想的练习，而忘却了内心和反思”。虽然并不是一场灾难，但“泰坦碎片”远不及今天“十字军失落的圣物”这样成功。为什么？“我们停止了开发，把十字军搁置一边，”埃里克解释说，“这让一切都变得不同了。”在“泰坦碎片”的案例中，代号娱乐公司的团队处于持续的行动状态，他们脑海中想的只是以最快的速度将产品投放到游戏玩家手中。这是一种实践练习，而不是行动与反思的平衡。因此，只有一小部分玩家喜欢“泰坦碎片”，它并不像“十字军失落的圣物”那样大获成功。

如今，埃里克用他称之为“赌注”的术语，带领公司度过了4年的时间。该公司约50%的时间用于确保现有游戏和运营达到收入目标。这使公司有50%的时间专注于“赌注”，员工可以梦想、反思，让他们的注意力在新的倡议上游荡。我确定埃里克这次提到的“赌注”涉及许多创造性思维的时刻。他们允许多个游戏或游戏的一部分同时开发或构思，这提高了他们在市场上取得成功的概率。员工们可能会让一款游戏搁置几个月，把他们游荡的思维转向另一款游戏。

这是从“十字军失落的圣物”开发之初就采用的策略。这款游戏的制作时间要长得多，因为适当而彻底的反思才能创造出真正吸引用户的体验。事实证明，这也是一次非常成功的文化变革。埃里克说：“如果我们的战略保持不变，‘十字军’就不会取得今天的成功。现在，我们花了更多的时间来更充分地开发我们的新‘赌注’。在这个过程中有专门的创造性思维时间，这为我们提供了更多的选择。”

当我们任由大脑做白日梦或无所事事时，创造力往往会蓬勃发展。加州大学圣巴巴拉分校的乔纳森·斯库勒教授和约克大学的乔纳森·斯莫尔伍德教授在2015年发表的一项研究表明，当人们允许自己的思想四处游荡时，他们会更有创造力。此外，研究人员发现，当人们致力于一个困难的任务时，最好先做一些有助于思想游荡的事情。当他们完成更困难的任务时，创造力就会释放出来。研究人员发现，提高创造力的最佳方式是在困难的任务和容易的任务之间切换，容易的任务可以孵化出创新的想法。

代号娱乐公司已成为一家确保创造性思维成为其运营和文化战略部分的公司，如果没有游戏开发的潜伏期，它将不会开发任何新的游戏。就像约瑟夫·坎贝尔的案例一样，要让创造性思维真正成功，个人和组织都应该认识到，及时建立反思能力可以成为开放式思维的关键推动力。想象一下，如果你采用这种策略，你或你的组织可能会想到什么。

救生员思维

瑞士心理学家卡尔·荣格是分析心理学的创始人，他深受西格蒙德·弗洛伊德关于潜意识研究的影响。事实上，他们曾经是密友。由于荣格探索原型的概念偏离了弗洛伊德的主张，他们的友谊也受到了伤害，荣格认为，神话人物普遍存在于我们每个人的潜意识中。约瑟夫·坎贝尔的《英雄之旅》尤其受到荣格思想的影响。

荣格写道："有意识的头脑对自己的处境有时会误判，常常误认为自己是正确的。"他认为，我们的大脑有一个无意识的过程，当我们对特定情况的态度和立场变得不确定或理由不充分时，这种无意识过程就会占上风。在这种情况下，我们可能会恐慌或麻木，仓促做出判断，甚至完全不知所措。荣格的理论让我想起了我的那些学生及其在纸塔练习中反复上演的情景。

我向丹尼尔·列维廷寻求更多的背景知识。我想听听他对他认为的创造性思维的一些抑制因素的看法。丹尼尔是麦吉尔大学心理学和行为神经科学的名誉教授，他是畅销书《迷恋音乐的脑》《六首歌中的世界》《有组织的头脑》和《武器化的谎言：后真理时代的批判性思考》的作者，也是一位执业认知心理学家和神经学家。丹尼尔还是一名音乐家和唱片制作人，曾与史蒂夫·旺德、斯蒂利·丹和克里斯·伊萨克等人合作过。

“原因有很多，”他回答说，“过度自我批评是其中一个因素。害怕别人会怎么想是另一个因素。”然而，对丹尼尔来说，最突出的方面集中在工具和他所谓的“随时可用的技能”上。“如果你是一名画家，没有颜料——或者你的绘画杂乱无章，什么都找不到——你不会走得很远，你很可能会因为沮丧而耗尽你的创造力。把你的颜料、画笔、纸或画布整理好，这样当你走进你的工作室时，你就准备好了。”这既是字面上的意思，也是比喻的意思。如果你想要创造性地思考并做出更好的决策，你最好在开始仓促行动之前做好准备。

丹尼尔也相信不良的思维是可以避免的。那些在一天中神经资源最缺乏的时候做出艰难决定的人常常会遇到困难，丹尼尔鼓励人们在一天的早些时候做出费力或艰难的决定，而不是在下午或晚上。“要意识到你并非无所不知，”他补充说，“并向他人寻求专业知识来帮助你进行判断和决策。”如果有更多的同伴被困在岛上，查克·诺兰的境况会不会好一些？如果我的学生在建造纸塔的练习中更早地想到与其他人合作，他们会解决这个挑战吗？如果你早上第一次接触别人，你的创造性思维会不会更容易迸发？

三星电子（以下简称“三星”）提供了一个案例，让我们了解当我们感到压力或过度疲劳时，我们思维所受到的影响。例子虽短，但它很好地阐释了在我们的工作中身心健康与思维之间的关系。

2015年，三星的高级领导层渴望战胜其主要竞争对手苹果公司。业界知道苹果公司可能会在2016年秋季推出新款iPhone7，三星向负责该产品的团队发布了一项公司法令，希望其名为Galaxy 7的新手机能先于iPhone7上市。三星想要抢占市场先机。这种时间压力迫使员工每周工作80小时，经常在位于韩国首尔的公司总部过夜，这不仅阻碍了他们的创造性思维，还导致了一些不恰当的决策。因此，随着员工变得越来越疲惫和紧张，他们未能发现电池设计中的一个缺陷。那个被遗漏的缺陷导致手机爆炸并着火。三星的这款手机在全球范围内被全部召回，导致了超过53亿美元的损失。

丹尼尔坚持认为，如果我们把大问题分解成小问题，我们的思维就会得到改善。以救生员的起源为例。1912年，当克利夫兰巧克力制造商和维多利亚女王巧克力公司的所有者克拉伦斯·克兰意识到他的客户不会在炎热的夏季购买巧克力时，他决定做点什么。问题出在哪里？克兰的巧克力在高温下很容易融化。顾客不会在夏季购买维多利亚女王巧克力。这既关系到公司的运营，也关系到公司的收入。

克兰没有试图解决巧克力融化的问题，而是选择了另一条道路。他将问题分解成更小的部分，最后决定制造一些不会融化的甜品。他注意到当地的药剂师用一种特殊的制丸装置制作扁圆状的药物，于是借来制作一款名为“克兰薄荷救生员”的巧克力。当克兰决定在他正在制作的圆盘状薄荷糖果中间打洞时，这个名字就闪现在他的脑海中。这个形状让他想起救生员在游泳池或海滩上会使用的漂浮装置。今天，“救生员”作为一种标志性的糖果仍然老少皆宜，经久不衰。

但是，正如我们接下来将发现的那样，创造性思维还有更多的制约因素需要引起重视。

不良思维的焚烧台

查克·诺兰后来发现，开放式思维的秘诀在于不断地反思、判断和行动。诺兰一到岛上，他的大脑就妄下结论了。这是冷漠而僵硬的思维。他没有时间去梦想，经常直接跳到行动上。他的思维方式是封闭的，目光是短浅的，后果是严重的。和诺兰一样，在建造纸塔的过程中，学生们经常匆忙回应，没有停下来考虑所有可能的选择。因此，大多数小组都举步维艰，没有达到练习的目的。埃里克·乔丹和他的代号娱乐公司回顾了他们表现出的僵化思维倾向，并决定在制作在线游戏的过程中增加更多用于梦想和反思的时间。

为什么有些人会忽略这一重要的思维元素呢？也可以这么说，为什么创造性思维被抛弃了？除了丹尼尔·列维廷提出的观点，还有其他研究人员提供了一些线索。例如，凯斯西储大学（Case Western Reserve University）的罗伊·F.鲍迈斯特和艾伦·布拉茨拉夫斯基在2001年通过分析发现：“坏的比好的影响力大，这是广泛的心理现象中的普遍原则。”研究人员发现，无论是人际关系、职业关系、刻板印象、自我形象、健康状况、学习模式还是语言，人们往往更多地受到坏事而不是好事的影响。事实上，学者们发现的证据表明，需要5个积极的互动才能抵消一个消极的互动："消极的互动会产生更强、更普遍和更持久的影响。"

将其与你今天的工作环境联系起来。如果你的工作场所的文化表现出无礼、恐惧和疏离——指挥和控制式领导盛行，那么团队成员以创造性的方式相互合作将是一项繁重的工作，更不用说独立工作了。他们很容易陷入冷漠的思维模式，因为缺乏对决策的投入。人们只会低下头，听命行事，以免遭到报复。当一个人表现出一种冷漠的思维方式时，他既不会停下来，也不会采取行动。它是一种思想炼狱，一个人故意选择不知情。你可以把这类人想象成工作不投入、缺乏目标的人。冷漠成为常态，因为工作环境中有太多可怕的互动、评论和时刻。组织中那些被认为是高绩效员工的人可能会对自己说"算了，我要离开这里了"，然后开始在其他地方寻找新的工作。

同样，如果组织只关注利润，或者在某些情况下最大化股东回报，可能会有一大批员工不愿创新，因为他们不相信组织。

用经济学的语言来说，丹尼尔·卡尼曼和阿莫斯·特沃斯基假设，当人们做出财务决策时，先看亏损的可能性，再看收益的可能性。这就是众所周知的前景理论。有学者研究得出："等量的损失比收益具有更大的情感影响。"再说一次，坏的比好的影响力更大。我们人类的自然倾向是，比起积极的东西更容易受到负面（或潜在的负面）事物的影响。那么，权威的、自上而下的、渴望权力的组织文化对创造性思维产生负面影响就不足为奇了。此外，当一个组织没有以更高的目标行事，选择只为利润创造者或股东服务，而不是为所有利益相关者服务时，创造性思维被遗忘了，我们应该感到惊讶吗？

当然，这是我的第二本书《目标效应》的核心论点。在写作过程中，我对维多利亚大学的埃兰戈博士进行了几个小时的访问。他一生都在研究目的、意义和使命。事实上，埃兰戈多年来一直遵循以下目标宣言：帮助他人过上充实的生活。他认为，如果你的角色清晰明了，你就能够在积极的氛围中工作——为善而工作——这更有可能激发你的创造性思维。他还指出，这会增强你的韧性，让你能够应对挫折。总之你的个人目标和组织目标都可以影响你的创造性思维，并阻止被“坏事”所左右的趋势。

诺基亚的故事就说明了这一点。2011年初，时任诺基亚CEO的斯蒂芬·埃洛普从微软离开不久后就给员工做了一次演讲，他在微软曾负责开发广受欢迎的Office应用程序。埃洛普以善于激励人、工作狂而闻名，他的演讲被转录下来，发布在诺基亚内部的博客上，然后泄露给了《华尔街日报》。自那以后，它就成了众所周知的“燃烧的平台”备忘录。

1999—2007年，诺基亚这家芬兰电信公司和风头正盛的手机制造商的年收入从大约200亿欧元增加到500多亿欧元。这家公司在很多方面都蒸蒸日上，它的手机销售额占全球总额的40%以上。诺基亚不仅在财务上取得了成功，而且它的文化是协作的，创意产品每季度发布一次。它的客户也很忠诚。

但到2010年年底，诺基亚收入下降了约20%。不再是不可超越，而是稳步下降。诺基亚的净利润从1999年的26亿欧元上升到2007年的105亿欧元。但到了2010年，这一数字骤降至25亿欧元。埃洛普于2010年年底受聘，与苹果、谷歌和黑莓等公司展开竞争。他最初的计划让许多人质疑他的领导能力。成本削减措施席卷公司，很多表现优异的员工开始自愿离职。埃洛普与他的老东家微软合作，用微软的Windows Phone取代了诺基亚的Symbian手机操作系统，这是顽固思维的一个例证。事实证明，这个决定对公司来说是个灾难。诺基亚的工程师们对此深恶痛绝。顾客们对该公司的决策提出了质疑。新闻界为了报道和探究此事忙得不可开交。

但正是埃洛普的演讲和随后的“备忘录”让人们对诺基亚重返曾经令人敬畏的创造性思维时代的希望破灭了。埃洛普选择的消极词汇——将公司2011年的状况概括为“燃烧的平台”——在员工中反响不佳。埃洛普在演讲开始时介绍了一个关于一名男子在北海石油平台工作的故事。在钻井平台上被大火包围的巨大爆炸声中醒来后，这名男子不得不做出决定：要么让大火吞噬他，要么心存侥幸跳入北海寒冷的水域。就像许多不当使用这个比喻的管理顾问和企业高管一样，埃洛普用了一个令人不快的典故来表达他的信息：1988年7月6日，派珀·阿尔法石油平台发生爆炸，167人丧生。

埃洛普试图鼓励诺基亚同事的努力适得其反，在高管和员工之间造成了巨大的裂痕。许多人既不能原谅也不能忘记，并且转而变为焦虑和恐惧，其结果是抑制了整个组织的创造性思维。2011—2013年，诺基亚亏损总额超过65亿欧元，在没有董事会支持的情况下，埃洛普从诺基亚离职并重返微软。2014年4月，他通过谈判与Windows Phone达成合作伙伴关系，微软收购了诺基亚的设备和服务部门。

在采访了数百名诺基亚现任和前任员工后，记者佩卡·尼卡宁和梅丽娜·萨尔米宁得出结论:“从很多方面来看，埃洛普都是世界上最糟糕的CEO之一。”在他的领导下，诺基亚形成了一种目标不明确、参与度低、团队之间分歧明显的文化。消极的气氛压倒了任何积极的机会。这家公司陷入这样的困境有什么奇怪的吗？如果这个企业能够通过一种创造性和开放性的思维文化在更积极的基调上团结起来，那结果会怎么样？

关于那些“坏”老板

虽然埃洛普在试图纠正诺基亚公司的错误时使用了负面强化，但领导者的另一种行为也会扼杀组织中的创造性思维，这种行为被称为“心理安全”。

崔镇南、特洛伊·安德森和安尼克·韦莱特3位学者在2009年进行了一项研究，其研究结果发表在《群体与组织管理》（Group & Organization Management）杂志上。研究发现，对员工表现出不利行为的领导者最终会抑制该员工的创造性思维能力。研究人员发现，在工作中使用威胁或恐吓策略的领导者会抹去员工任何获得心理安全的机会。结果就是，如果工作场所没有任何安全感，创造力就会大大降低。作者还说，在他们研究的所有不同的工作场所特征中，在激发或阻止创造性思维方面发挥最重要作用的是组织的领导者。

2010年，IBM公布了对全球60个国家和33个行业的1500多名CEO的调查结果。这份名为《全球CEO研究》的报告明确指出:“成功驾驭日益复杂的世界需要的不仅仅是严谨、管理纪律、诚信甚至远见，还需要创造力。”来自世界各地的CEO们相信，创造性思维是推动增长和创造成功的特质。6年后的2016年，更多的证据来自世界经济论坛（WEF）发布的一份题为《就业的未来》的报告。研究人员询问了数百名高管——代表全球1300多万名员工——到2020年，他们需要哪些技能来刺激增长。稳居榜首的不是其他，正是创造性思维。

讽刺之处在哪里呢？在于组织的最高领导者继续像比赛一样谈论着创造性思维，然而遗憾的是，这些组织继续深陷员工敬业度不高和负面组织文化的泥潭。例如，根据盖洛普（Gallup）的数据，未投入工作的员工数量继续超过投入工作的员工，比例接近2：1。怡安翰成特咨询公司的报告称，所有员工中，只有25%的人高度投入。如果你回顾一下2000年的数据会发现，员工敬业度并没有发生实质性的变化。

因此，考虑离职去寻找新机会的员工比以往任何时候都多。事实上，2016年iCIMS[①]的研究证实，63%的全职员工正在积极地在其他地方寻找新工作。非营利性组织美国心理健康协会与美国联邦航空管理局基金会合作，并在其2017年的报告《关注工作场所》中发现了类似的结论。超过70%的员工要么“积极寻找新的工作机会”，要么在工作中“总是、经常或有时”想着这个话题。

是什么导致员工变得缺乏动力、不满和不投入？是什么促使团队成员考虑离开他们的岗位？在我的职业生涯中，我发现这几乎总是源于糟糕的领导、错误的目标和低效的组织文化实践。这其中最主要的原因在于缺少优质思维。然而讽刺的是，正如我已经指出的那样，高层领导者一方面渴望创造性思维，另一方面却始终难以摆脱固有习惯，这些习惯最终会扼杀创造性思维出现的任何机会。即便数据摆在

① 国际经济研究院。

面前，领导者们也会继续忽略这样一个事实：一种有吸引力的和开放的组织文化是实现创造性思维的必要条件。

还有另一种抑制因素可以阻止创造性思维的发生。根据i4CP①2014年的研究报告《提高参与度和市场绩效的六大人才实践》，领导者似乎相信创造性思维是自发产生的。i4CP对拥有1000多名员工的组织中的300多名人才管理负责人进行了研究，发现为员工留出时间进行创造性思维"是只有26%的高绩效组织使用的方法"。此外，只有4%的低绩效组织专门为创造性思维留出时间。接下来，我们将探讨时间观念和持续行动。

净评估办公室

净评估办公室被称为"美国防范短期思维风险的保障机制"。尽管水门事件留下了有害的遗产，但即使理查德·尼克松总统也有产生积极影响的时刻。通过授权创建净评估办公室，尼克松可以声称批准了一个专注于长期国家安全利益的机构。该组织由安德鲁·马歇尔于1973年创立，它的起源让我们深入了解在开放式思维模式中反思的重要性。

第二次世界大战后，美国的军事、监管、治安和调查支出稳步增长，以至于官僚机构开始在多个部门涌现。信息和情报被一群人囤积起来，对另一群人隐藏。军队和文职人员的数量增加了，不同区域和单位之间的竞争也增加了。随着官僚主义、部门化的发展，出现了几种不同的对付敌人的策略。当时，美国正深陷冷战和越南战争。

① 全称为the Institute for Corporate Productivity，中文名为企业生产力研究所，它是世界上最大的无供应商的企业网络，致力于建立和维持高生产力、高绩效的组织。

建立净评估办公室的目的是考虑全局，并着重于美国的长期安全利益。这是一个独立于其他机构的组织，它的唯一目标是为美国的未来制定保护政策。它通过研究可能被其他机构忽视的问题来做到这一点。它的报告被称为“净评估”——因此才有了这个机构的名字——将其他国家的政策、军事战略和武器与美国进行比较。这些绝密的分析不公开。这些报告经过深入研究，预测了未来可能发生的社会和安全领域的灾难。

净评估办公室的员工不断地思考未来可能出现的状况。净评估办公室的任务是进行推测，但它是通过反思当前的情况，同时使用创造性思维来预测未来。它的运作机制很像埃里克·乔丹在他的代号娱乐公司的运作机制，花大量的时间思考未来，设想各种“如果……会怎样”的问题和答案，同时不断确保你能在今天创造出结果。

净评估办公室不仅让我想起了代号娱乐，还让我想起建筑师斯图尔特·布兰德写的一本书，名为《漫长的现在的时钟：时间和责任》（*The Clock of the long Now*：*Time and Responsibility*）。这本书是布兰德之前建立的基金会的配套作品，该基金会“希望为当今加速发展的文化提供一种对比，并帮助使长期思考变得更加普遍”。布兰德的书和基金会都是建立在让人们思考未来一万年的抱负之上，而不仅仅是他们一生所经历的时间跨度。

最引人注目的是布兰德和他的基金会同事为组织和个人制定的指导方针，以创建他们所说的“长期存在、具有长价值的机构”。这些指导方针包括：

- 着眼长远；

- 培养责任感；
- 奖励耐心；
- 头脑的神秘深度；
- 促进竞争；
- 不偏袒任何一方；
- 增强长期影响力。

总体而言，这些价值观精妙地提醒我们，要想成为更好的思考者，我们应该考虑停下来，观察，并腾出更多的时间做梦。在某种程度上，净评估办公室支持采用基金会的价值观；代号娱乐公司也可能在不知不觉中践行这些价值观。虽然人们不需要严格遵循基金会的任何价值观，但我逐渐意识到，无论是个人还是组织，只要有意识地花时间反思和思考长期，最终都能在当下进行更具创造性的思考。当我们“着眼长远”“奖励耐心”或“增强长期影响力”时，我们最终会变得更善于创造性思维。然而，如果我们只关注眼前，开放式思维的可能性就消失了。

这就引出了一个问题：当我们结束第二章时，你在长期的、基于未来的、渴望的创造性思维上投入了多少时间？

女帽店的启示

卡琳·鲁伊斯在一次我参观她的女帽店时，对我说了一些很深刻的话，例如，“大多数人在工作中没有创造力，有些人也不想要。不管怎样，当顾客走进我们的店时，他们都被创意所包围。我们打开潘多拉魔盒，为他们提供梦想的能力”。

这是一个令人信服且深刻的观察。我们的许多组织都充斥着单调和事务性的任务。我们关注短期，整日忙碌。而当你进入这家女帽店时，你就会被创造力所包围。“第一次来我们店里的人，”卡琳说，“已经习惯了在亚马逊网上购物。他们被这个过程弄糊涂了。第一次来这里购物的人通常会被这里的热闹气氛所震撼。这是一个充满发明和梦想的蜂巢。我希望更多的人在生活中有这样的创造力。”

我还发现，你不可能在一个小时内做一顶帽子。构思和梦想是需要时间的，与客户一起研究某些款式，线条、毛毡、羽毛等的选择是需要时间的。它可能只是一顶帽子，但它的工艺是由一系列反馈和决策形成的。

创造性思维是不可强迫的，它是随着时间的推移而形成的。就像我的学生、查克·诺兰、代号娱乐公司和诺基亚一样，创造性思维既不能被忘记，也不能速成，给它所需的呼吸空间是至关重要的。

个人的创造性思维问题

- 当被要求完成一项任务时，你会立即采取行动，还是会花点时间停下来思考?
- 当问题出现时，你有没有留出时间让你的思想游荡?也就是说，在采取行动之前，你会进行头脑风暴，想出点子吗?
- 当你开始进行创造性思维时，你是有“随时准备好”的技能，还是行动无序，以至于成为一种负担?

组织的创造性思维问题

- 你的组织文化是否提倡将梦想和反思作为核心行为?
- 你组织中的领导者是否侧重指挥和控制的管理实践，从而扼杀了创造性思维出现的机会?
- 团队成员是否有时间进行创造性思考，或者你是否支持持续忙碌的组织文化?

灵感突发

> 你的创造力不会耗尽。你使用得越多，你拥有得就越多。
>
> ——玛雅·安吉洛

瑞典的阿斯特丽德·林格伦是一位改变了写作游戏（如果不是思维游戏的话）的文学巨匠。林格伦性格内向，但她与外向的丈夫斯图尔结婚后很幸福，她在20世纪二三十年代在斯德哥尔摩的皇家汽车俱乐部（Royal Automobile Club）担任秘书。事实上，她就是在这里遇到斯图尔的，斯图尔碰巧是俱乐部的经理。这对夫妇有两个孩子——拉斯和卡琳。到20世纪40年代初，受瑞典风景和孩子成长的影响，她开始写作。通过创造一位反威权的冒险家——9岁的长袜子皮皮，林格伦教育了世界各地成千上万的儿童以不同的方式思考。

1945年，林格伦赋予皮皮以聪明、喧闹、独立和创造力，她鼓励年轻读者进行逆向思考。皮皮是一位探险的女英雄。她追求冒险和自由。在70多年前，这是激进的。事实上，林格伦受到了文学界许多人的诋毁。

皮皮追求的重点之一是时间。与今天的许多组织领导者和员工不同，她在她的时代没有被剥削。对她来说，被毫无目的的重复性工作耗费精力是一个陌生的概念。保持现状也不是皮皮的风格。实际上，没有现状。她不可能落入思维冷漠、不反省、不采取行动的陷阱。她做事的方式使人厌恶冷漠的思维。皮皮不断地把自己从例行公事中解脱出来。在她的同名书名中，她直言不讳地指出："我以前从未尝试过，所以我想我一定能做到。"

皮皮也从来没被无休止的寻找和忙碌所吓倒。她总是能想出新的情节、想法和捣蛋的方法。她是一个探索的女孩，但她会在掌控自己时间的同时，走上一条发现之路，利用时间为自己服务。再一次，她的行为让我想起了埃里克·乔丹和他在代号娱乐公司学到的东西。当他的团队努力停下来思考，花时间制作"十字军失落的圣物"这个游戏时，结果证明这比该公司之前发布的任何游戏都要成功。

当我们变得太忙，无法停下来、反思和激发创造性思维时，在我们的大脑中就会爆发一场内战。通常，使用战胜了探索。在1993年发表的一篇题为"缺乏远见的学习"的开创性论文中，研究人员丹尼尔·莱文塔尔和詹姆斯·马奇发现，"与探索相比，使用会产生更清晰、更早、更密切的反馈"，而且使用往往会在短期内产生更积极的结果。但是，要想取得长期的成功，必须勇于探索。

当我们使用我们的时间时，我们是在寻求立竿见影的结果。当我们使用时间时，我们就开始忙碌或行动。我们否认自己有可能通过适当的停顿和反思获得更长期的利益。而当我们探索我们的时间时，我们会发现思考和行动之间的平衡。我们不再感到压力，或者降低了压力水平，而提高了创造力和生产力，做出更好的决策。

正是皮皮对创造性思维的态度使她的生活变得如此与众不同。她承认开放式思维的前提是为创造性思维实现提供时间。在工作中，我们中的太多人通过充分使用时间，而不是探索时间来否定自己的创造性。这对个人发展和组织成功都可能产生深远的影响，对创造性思维的影响也很广泛。

我们应该问自己的一个问题是，缺乏创造性思维是否部分是因为我们倾向于陷入忙碌陷阱，而将时间用在冷漠、优柔寡断或僵化的思维上。我们是不是变得对探索未知视而不见？为了激发创造力，或许我们可以从《长袜子皮皮》的例子中学到一二。探索，而不仅仅是使用。

注重创造力

在组织环境中，可能只需关注来自其他地方的创造性想法即可。以约翰·拉塞特的故事为例。他是华特·迪士尼和皮克斯动画工作室的首席创意官，也是华特·迪士尼幻想工程的首席创意顾问。

拉塞特是皮克斯公司的杰出人才之一，这家公司为世界带来了许多精彩的电影，像《机器总动员》《海底总动员》《汽车总动员》《玩具总动员》等。在皮克斯取得成功之前，拉塞特曾于20世纪80年代初在米老鼠的家乡做过动画师。他一直在思考动画电影的未来。拉塞特经常释放他内心的“皮皮”，探索电影制作可能的发展方向。他既在思考，也在行动。

拉塞特开始思考迪士尼作为一家公司的未来。他认为，电影制作中几十年来一直沿用的手绘动画制作方法即将被电脑制作所取代，或者至少要被冲击。他向老板（以及老板的老板）推销用电脑制作动画电影的新发明。虽然拉塞特的预感是正确的，但迪士尼的高管们最终还是没能对其进行认真思考。他们忽视了拉塞特的先见之明，没有给这个想法以孵化或实现的时间——最终把他从公司解雇了。迪士尼的领导者仍然停留在僵化的思维模式中，无法真正重新考虑他们的未来会是什么样子。他们未能恰当地反思拉塞特的创造性思维，反而对它不屑一顾，忽视了采取行动的机会。迪士尼安于现状。

让我吃惊的是，迪士尼的高管要么太忙，没有时间换个角度思考；要么受到了太多干扰，没有时间重新思考迪士尼的电影制作策略。不管怎样，一个需要考虑的问题是，迪士尼高管是在探索还是在使用他们的时间。多年后，拉塞特与埃德·卡特穆尔和史蒂夫·乔布斯一起成为皮克斯的关键人物，最终回到了迪士尼。情况如何？迪士尼，承认了自己的错误，并在2006年同意以74亿美元的价格收购整个皮克斯团队及其电影库。迪士尼随后任命拉塞特为首席创意官。在此之前，皮克斯电影的全球总票房收入还不到18亿美元。自从收购完成以来，皮克斯新电影的票房收入已经超过了70亿美元。

倾听暗流

关于反思的重要性，美国著名投资家和慈善家沃伦·巴菲特提出了一个有趣的观点：“我坚持几乎每天都要花大量时间坐下来思考。这在美国商界非常罕见。我阅读和思考。因此，与大多数商界人士相比，我阅读和思考的更多，做出的冲动决策更少。”就像长袜子皮皮一样，巴菲特不会乐意忍受傻瓜。当谈到那些没有花足够时间思考的领导者时，巴菲特无暇顾及他们。萨米尔·帕特尔是卡哈纳的CEO。和巴菲特一样，萨米尔每天都会花时间坐下来思考。卡哈纳是一家软件初创公司，提供基于人工智能的营销技术，其客户包括Dollar Share Club①、TickPick②和Yelp③等。在加入卡哈纳之前，萨米尔是SAP④的总经理和高级副总裁，在那里他领导的团队负责制作一个面向员工、合作伙伴和客户的协作平台SAP Jam。在他离开SAP时，SAP Jam在全球已经拥有超过3500万用户。在加入SAP之前，萨米尔·帕特尔领导着一家精品管理咨询公司。

我认识萨米尔时，他是他创立的咨询公司的负责人。那是在协作软件被称为“企业2.0”的时代，这个术语是麻省理工学院教授兼作家安德鲁·麦卡菲在21世纪初创造的。我一直在想，是什么让萨米尔成为一名顾问、总经理和CEO。他在许多不同的角色上都取得了成功。他的同行和高科技领域的人士都对他十分敬重。萨米尔说：“如果说我通过团队和个人完成的每一个里程碑都有一个特点的话，那就是思考之前发生的事。”

“这有关于如何成为最好的观察者。我想先了解一下发生了什么。我不会急于上报，也不会和别人谈论这件事。我想了解暗流，倾听信

① 一个男士个人护理品牌，其基于社交媒体传播，通过订阅制模式在用户留存方面大获成功。

② 一款具备强大的图像编辑功能的软件。

③ 美国最大的点评网站，2004年成立于旧金山。

④ 全球最大的企业管理和协同化商务解决方案供应商、世界第三大独立软件供应商、全球第二大云公司，成立于1972年，总部位于德国沃尔多夫市，曾多次入选《财富》世界500强企业。

号，思考正面或负面的影响。这真的要先观察一下。观察是协作文化的一部分。这不仅仅是战略的问题，而是你在采取行动或做出决策之前，如何倾听周围发生的一切。”

萨米尔的成功可以完全归功于这条明智的忠告：不断观察。萨米尔认为，只有观察到关于各种想法、观点、数据和信息的暗流，才能成功地扩展组织并富有创造力。

例如，让我们假设一位热心的员工带着一个想法来找你。对于专业服务软件平台来说，这是一个独特的概念。听起来它可以赚很多钱，而且很快。如果你马上说“好”，那么，你有没有让这种可能性酝酿足够长的时间，以抓住所有与之相关的潜在暗流？如果这位聪明的员工的想法只是想给自己打造一份漂亮的简历，因为他更感兴趣的是成为一名CEO，而不是真的对公司开发的软件有新的见解，那该怎么办？萨米尔说：“在进行投入之前，你必须始终仔细观察。与任何人的每一次谈话都不仅仅是关于‘什么’，还涉及‘怎么做’。如果你想成为一个成功的思想家，一个在采取行动之前先观察的人，你需要在‘做什么’和‘怎么做’这两个方面都有自己的想法。”

就迪士尼和约翰·拉塞特的情况而言，公司是否等待了太长时间才采取行动，用了太多的时间来做决策？这可能是优柔寡断思维的一个例子。

或者，该公司完全无视拉塞特提供的信号，从而表现出冷漠的思维？又或者，因为迪士尼高管的日程安排得太满，他们可能太忙了，没有足够的时间考虑战略的改变，于是其思维就出现了第三个类型的弊病——思维僵化？萨米尔的见解与迪士尼和拉塞特的例子告诉我们，我们应该不断倾听信号，观察暗流，但不能不作为。思考和行动之间有一种微妙的平衡，这是我们每个人都必须注意的。

麻省理工学院斯隆管理学院的高级讲师、作家、系统科学家彼得·圣吉曾写道："学习型组织是一个不断扩展其能力以创造未来的组织。"为了创造未来，领导者和团队成员都应该记住观察和反思的重要性。倾听、观看和关注蜿蜒的信息流——暗流和溢流——会对你很有帮助，就像萨米尔这样的开放式思维者一样。女作家阿娜伊斯·宁的一句话也可以作为有用的指导："我的想法通常不是在我的办公桌上写出来的，而是在生活中产生的。"

花时间进行创造性思考

长袜子皮皮有很多时间发挥创造力。拉塞特帮助创建的皮克斯文化也是一种充满着开放式思维的文化。事实上，皮克斯是一个开放式思维的游乐场。在创造性思维方面，我们必须正视的问题是缺乏专门用于它的时间。高科技公司Hoot Suite的CEO瑞安·霍姆斯表示："创造性思维在任何组织中都很重要，但往往被最重要的群体——高级管理层所忽视。"对于CEO和创始人来说，很容易被日常事务和无休止的商业计划所吞噬。这会让你几乎没有时间进行真正的创造性思考，也会消耗你工作的精力。通常情况下，你甚至不会意识到这一点，除非你碰巧从日常琐事中解脱出来，得到一个新的机会来展示你的创造力和创业精神。

要使开放式思维模式富有成效，不仅要把时间花在创造性思维上，还要有组织文化的支持。如果CEO们不能充当创造性思维的榜样，而是屈服于操作细节，总是给人以压力大、忙得没有时间做梦的印象，组织的其他成员会如何表现？与组织的许多方面一样，高层的行为经常被下面的人模仿。

如果我们的思维总是被时间和任务的压力所分散和利用，那么我们谁也不会愿意进行创造性思考。我们被竞争对手和组织的空洞消耗得太多了。我们专注于其他事情，而不是创造力。无论你是CEO、团队领导者还是个人贡献者，都是一样的。实际上，我们的头脑太忙碌、被塞得太满，甚至不会注意新想法的可能性。长袜子皮皮、拉塞特和皮克斯都是如何防止这种情况发生的例子。他们腾出时间来探索创造力。他们不会被时间奴役。皮克斯的文化是一种支持和认可创造性思维的文化。它是“可能性的艺术”思维，而不是“不可能的科学”。

微软前董事长兼CEO比尔·盖茨在其担任这家公司领导者的巅峰时期就认识到，在运营任务和经营业务的压力下抽出时间进行思考是非常有必要的。他推出了一个名为“思考周”的活动。一年两次，他会抽出一个星期的时间来阅读、思考、倾听，让“可能性的艺术”渗透他的大脑。这是他进行创造性思考的时间。在写《目标效应》一书时，首位接受我采访的领导者——Virtus公司的CEO迈克·德贾丁斯——采用了类似的策略。迈克没有选择“思考周”，而是每年安排两次他称之为“阅读周”的活动，在这期间，他会狼吞虎咽地阅读书籍和文章，以充实和加深自己的知识储备。在此期间，你无法通过电话联系到迈克，因为他沉浸在自我之中，屏蔽了任何干扰他进行创造性思考的事务。

在谈到停下来做梦的重要性时，SAP的CEO比尔·麦克德莫特在接受采访时表示：“当今大多数人都被短期因素和日常压力所驱使，他们从不花时间站起来，放眼望向窗外，做梦。他们经常参加会议，其中许多是内部会议，被PPT所累。我的建议是，在你的日程表上腾出一些时间。”

就我个人而言，自2002年以来，我一直拒绝在周五下午举行或参加会议。我也很少接电话、发短信或发电子邮件。这是我的时间。在我的日历中，我将其屏蔽，这样其他人就联系不到我。我将其命名为“思考时间”，这是相当恰当的。我应该称之为“我的发散性思考时间”，但这听起来有点笨拙。这是我每周一次的做梦时间，这个时候，我会把思想的点点滴滴串连在一起，创造出新的可能性。我可以读书、写字、写白板、画素描，或者盯着窗外看。我已经这么干了20年了，我可以向你保证，我永远不会放弃它。

此外，我每周至少4次骑着自行车或系上安全带外出，如果我在家工作，通常是在午餐时间；如果在外出差，每天工作结束后我都会去酒店的健身房。这不仅对我的心脏和健康有好处，每周骑行100多公里也为我提供了另一个做梦、反思和思考的机会。事实上，这是更具创造力的思考时间。

每天，我们每个人都有1440分钟的时间。我们每周有168个小时、一年有8736个小时可以充分利用。如果我们不留出大量的时间来发挥创造力，我们就很难消除冷漠、优柔寡断或僵化的思维模式。为了帮助释放你内心的“长袜子皮皮”，让你更像萨米尔·帕特尔、迈克·德贾丁斯、比尔·麦克德莫特或比尔·盖茨，创造性思维要求你更多地成为时间的探索者，而不是使用者。从长远来看，留出时间来发挥创造力可能会带来红利。

创意文化：第一部分

然而，创造性思维并不仅仅是个人行为，它可能在团队中发生，它甚至可能是在整个组织范围内实施的东西。然而，要让创造性思维在组织中出现，内部文化必须是真正支持它的文化。在我出版的第一本书《扁平军队》中，我将参与式组织定义为“无边界合作”的组织。在我出版的第二本书《目标效应》中，我指出利用目的的组织“提供服务以使所有预期的利益相关者受益”。作为一名教育家、专业人士、研究人员、演讲者和作家，我还了解到，当一个组织作为一个鼓励积极参与和以目的为导向的实体运作时，往往会促进和展示创造性思维的特点。

布莱恩·斯库达莫尔是O2E品牌的创始人兼CEO，该品牌是很多品牌的母公司。该品牌凭借布莱恩建立的特许经营模式，在总部雇用了300多名员工，在全球范围内雇用了数千人。三十多年来，它已经发展成为一项价值数百万美元的业务。为了创作《目标效应》一书，我采访了布莱恩，并决定回到他身边写这本书，以收集他对开放式思维的看法。不足为奇的是，O2E品牌的例子表明，它的积极参与的经营文化和目标驱动的精神与它的创造性思维实践并驾齐驱。

布莱恩对作家西蒙·斯涅克的作品充满敬意，他说：“我们坚信‘领导者最后吃饭’，因为你不想成为会议上第一个发言的人。”每天上午11点之前，公司总部的每个人都要参加7分钟的集体会议，对于布莱恩和高层领导来说，这是一个倾听员工、了解想法或困难的机会，也是一个针对领导层正在发生的事情进行快速思考的机会。“这是一种很棒的方式，可以把所有聪明的头脑聚集在一个房间里，询问‘发生了什么’，同时确保每个人不仅保持一致，而且能够提供反馈和意见。”这是一个每日快速激发创造性思维和分享的会议。

布莱恩认为，O2E品牌的文化和宗旨是其创造性思维模式如此明显的原因。“我们真的想先听听员工的想法，”布莱恩说，“作为领导者，我们的责任是提供指导，但最终还是让我们的员工决定正确的前进方向。”该品牌体现这种创造性思维传统的一种方式是“你能想象吗？”墙（“Can You Imagine？”wall）。“这是我们培养创造力的方式。”他说。这堵墙是员工可以提出他们想法的地方。“我们鼓励人们勇于创造——这是我们文化的一部分，而‘你能想象吗？’墙只是让我们的员工跳出框框思考的另一个工具。”如果没有在“你能想象吗？”墙上实现梦想，那么在《菲尔博士》和《哈佛商业评论》上发表的创意可能永远不会实现。

然而，布莱恩承认，随着时间的推移，O2E 品牌和他个人都学会了如何更好地将创造性思维融入公司的文化和宗旨中。其中一个教训来自其招聘实践。他说：“我们必须学会如何雇用有创造力的人，但我们也必须想办法找到与我们不相似的人。”布莱恩认识到，品牌需要多样化的思维来推进其创造性思维。“如果我们没有来自不同类型的人的各种不同的想法，我们就不会有创造力。”布莱恩对O2E品牌的创造性思维模式、文化、宗旨，甚至招聘工作的看法，再次让我想起了皮克斯。

皮克斯动画工作室的联合创始人兼总裁及华特·迪士尼动画工作

室的总裁埃德·卡特穆尔在2008年指出："创意必须存在于组织的每个艺术和技术部门的每个层面。"皮克斯的领导团队坚信，随着公司的持续发展，它将建立一个培养尊重和信任的环境，希望能够释放出每个员工的创造性思维。

"如果我们做到这一点，就会得到一个充满活力的社区，有才华的人彼此忠诚，并为他们的集体工作全力效劳，每个人都认为自己是非凡的一部分，他们的热情和成就使这个公司成为吸引人才的磁石。"因为这涉及招聘，卡特穆尔引用了皮克斯的哲学："你得到了非常有创造力的人，你在他们身上押下重注，你给了他们巨大的回旋余地和支持，你为他们提供了一个环境，让他们可以从每个人那里得到诚实的反馈。让不同部门的人像对待伙伴一样对待彼此，与让同一部门内的人这样做同样重要。"

创造性思维不能被忽视，也不能只为少数人所用。不仅组织的文化和宗旨必须支持它，还应该教导新的成员接受变化，自由地交流他们的意见和想法。正如卡特穆尔所说："每个人都能安全地提出自己的想法。"

创意文化：第二部分

布里安娜是斯托克西图片社①的CEO，这是一家她在2012年与人共同创立的公司，彻底改变了库存摄影和视频素材的管理和销售方式。

① 英文名为Stocksy United，它是一家总部位于加拿大不列颠哥伦比亚省维多利亚市的视频平台，接受并提供免版税的摄影和视频，它使用策划编辑方法来选择有用和真实的照片，它与其他摄影公司的不同之处在于其着眼于公平报酬，以及为其成员创造可持续的职业生涯。

斯托克西是一家由艺术家经营的合作社，它的座右铭是：“我们相信创意诚信、公平分享利润和共同所有权，让每个声音都能被听到。”作为一名艺术家，布里安娜认为，在不断团结起来支持和激励创造者的同时，从透明和责任以外的任何角度来开展业务都是不道德的。“当你使用这种方法时，”她说，“你就是在为长期的成功、诚信和为产品工作的人进行投资，所以你不应该为短期收益而付出巨大的代价。”

斯托克西不仅拥有“目标至上”的公司理念，还保持着高度协作的文化。就这样，斯托克西的开放式思维帮助它茁壮成长、蓬勃发展。“斯托克西始终专注于协作，”布里安娜说，“无论是与我们内部的员工，还是与我们的会员。”布里安娜认为，能够整合和听取他人的反馈，无论他们是谁，或者他们的立场如何，都是创造团队中切实的平等和尊重的唯一重点。“这意味着我们非常清楚，我们必须在一开始就检查自我，并始终愿意对自己的假设提出挑战，因为我们明白，创造最好的产品比仅仅是生产正确的产品更重要。”

斯托克西的方法与哈佛商学院埃德塞尔·布莱恩特·福特工商管理教授特蕾莎·阿马比尔的研究成果非常吻合。在1996年出版的《情境中的创造力》一书中，特蕾莎宣称所有的任务要么是算法性的，要么是启发性的。但创造性思维及其相关任务比算法更具启发性——在算法中，探索性解决问题的技术更受青睐——因此，对协作文化的需求势在必行。

特蕾莎认为，没有经过验证的解决问题的方法——没有绝对的或精确的方法让想法变成现实——所以团队和组织理应协作。创造性思维和相关行为是建立在“问题—发现—讨论”这一连续体的基础上的。

虽然可能会有灵光乍现的时刻，但如果组织的文化是鼓励协作的，当人们一起工作时，更有可能产生创造力。这并不意味着组织中的每一次互动都应该是协作的。简单地说，它意味着员工在做出决策或完成工作之前，应该考虑与他人分享自己的想法或观点。在《扁平军队》一书中，我把这称为“有连接的领导者”。也就是说，在采取行动之前，先与他人联系，然后再考虑所有选择。然后做出决策，传达它，并开始采取行动。同样的方法也适用于开放式思维，那么，你所做的就是转变你的心态，变得协作，而不是封闭。

布里安娜也表达了这种观点。“我们斯托克西有一个非常能干的团队，成员都是热情而聪明的，”她说，“我的目标和希望是，在我们一致认为某个想法是最佳选择之前，团队会从多个角度评估这个想法。如果对一个想法的表述模棱两可或者表达不完整，我们会尽最大努力弄清楚为什么会发生这种情况。通过找出薄弱环节或可能犯错的地方来学习，是作为团队和个人继续成长的绝佳机会。”

但是，即使在最具协作性的开放式思维环境中，布里安娜也提醒了人们掉入优柔寡断思维陷阱的风险。具有讽刺意味的是，当我们花太多时间进行协作，让自己接受太多想法和反馈时，我们最终会处于更糟糕的状态。协作需要在梦想和行动之间取得平衡，正如我们通过开放式思维本身所学到的。布里安娜说：“完成提议的项目或解决方案的一部分工作是，在考虑其他角度或选择之前，知道何时需要承诺将想法付诸实施。否则，你会因为不断变化的议程而分心，这些议程从未真正经受过考验，这是对人们时间的不尊重。”换句话说，陷入犹豫不决的泥沼与行动太快一样有潜在的麻烦。

如今，斯托克西的收入超过800万美元，并向艺术家支付了430万美元的版税。它甚至向会员艺术家支付了超过20万美元作为奖金。5年或10年后，这家公司会发展到什么地步？第一，将继续支持摄影师和平台合作社区。第二，它致力于作为一个协作和开放式思维的组织来实现创意的完整性。布莱安娜说，她“天真而顽固”，认为斯托克西的经营模式可以帮助扭转传统业务的局面。“商业可以很有趣，”她说，“它可以由创造力和目标驱动。”

创意文化：第三部分

另一个目标至上的组织进一步阐明了创造性思维的力量和策略，那就是WE。在第一章中，我们认识了其联合创始人兼CEO马克·凯尔伯格，马克认为增量成果是开放式思维组织中的一个重要因素。这些成果的表现形式是，将创造性思维放在组织嵌入其文化中的属性列表中。但这里有一个问题。

马克说：“不要在你的工作场所制定不切实际的大目标——这很荒谬——你其实只需要做6~12个月的计划。”这是吉姆·柯林斯和杰里·波勒斯在他们1994年出版的书《基业长青：企业永续经营的准则》中提出的一个概念。

“从广义上讲，我们正试图通过颠覆整个慈善行业来改变世界，所以创造性思维必须在小范围内实现。我们需要我们的员工、合作伙伴和公众感受到力量和专注。我们需要他们有创造力，而这是不可能在五年计划中实现的。”马克认为，WE的成功在于它的创造性思维是现实的。“有了五年计划，你生活在什么样的世界里？”马克笑着说。

马克的理论是，由于跑道较短，所以计划周期越短，员工进行创造性思考的可能性就越大。此外，他坚信，更短的时间框架可以让你取得更多成就，这是更具协作性和目标驱动型组织的关键推动因素。

卡尔·摩尔是麦吉尔大学的商学教授。在蒙特利尔他最喜欢的咖啡馆喝咖啡时，我问他如何用创造性思维进行长期规划。他向我提起了所谓的应急战略，这一理论是他的一位同事、管理学大师亨利·明茨伯格最先提出的。卡尔说："我在麦吉尔大学参与的新硕士课程中，已经多次看到开放式思维循环。关键是，你不知道随着事件的发生，你的战略将如何演变，竞争对手会做出反应，市场也会发生变化。这是大多数行业现在必须生存的现实世界。创造性思维、批判性思维和应用性思维这3种思维模式之间应有规律地来回交互。长期战略可能很快就会过时。与10年或15年前相比，这是一个相当大的变化。"

什么是应急战略？明茨伯格认为，战略本身可能会被过度管理。当它出现——当想法是从观察中形成的，而不是通过程序化的练习时——它会变得更加重要和成功。明茨伯格坚持认为，组织不能总是依赖于规划他们的战略可能出现之处，更不用说规划战略本身了。明茨伯格写道："所有概念中最基本的是思想和行动之间的密切联系。聪明的战略家明白，他们不可能总是聪明到提前把一切都想清楚。"

罗杰·L.马丁在他2007年出版的著作《整合思维》中介绍了一种他称之为"整合思维"的思维方法，在第一章中有简要介绍。整合思维建议，与其在摆在你面前的两个选项之间做出二元决策，不如创建一个包含两个选项的元素但优于两个选项的新模型。他在书中指出，现有的模型不应该代表现实，需要利用相反的模型，而不是害怕。尽管现有的模型并不完美，罗杰指出，总会有更好的模型，如果你有足够的耐心，你可以找到它或创建它。你必须能够自如地进入和摆脱必然表现出的复杂性。

罗杰说："整合思维产生可能性、解决方案和新想法。它创造了一种无限可能性的感觉。"整合思维者不是非此即彼的人，而是拥有兼容并包的思维方式。罗杰不仅在多伦多大学罗特曼管理学院的核心课程中植入了整合思维模式，还为宝洁、乐高、IDEO和威瑞森等世界一流企业的CEO提供咨询和高管培训服务。

2017年，罗杰与同事詹妮弗·里尔合著了《整合思维》的后续作品《整合决策》。他们写道："我们必须将创造力重新定义为我们每个人都有能力去做的事情。"O2E、斯托克西和WE都是这样的组织，这些组织不仅创建安全、透明、包容和协作的环境，让创造性思维得以蓬勃发展，而且每个组织都通过不断重新定义创造力，将其定义为所有员工都有能力做的事情，从而不断地让其战略得以实现。没有一家公司的战略是一成不变的（当然不是在5年内），也没有一家公司是无法实施创造性思维文化的组织。

对于任何组织来说，有一个教训就是，如果它希望采用开放式思维，那么其文化和战略都必须成为整合思维和应急战略的组成部分。一种文化越封闭，就越有可能最终陷入冷漠、优柔寡断或僵化的思维文化。它越是不让员工和其他利益相关者参与创造性思维过程，它就越能阻止员工释放他们的创造力，它就会越专注于短期，并造成可怕的后果。

像婴儿一样不厌其烦

当我们还是婴儿的时候，每一天都在探索，这个过程似乎永无止境。首先，我们探索了我们的婴儿床。然后我们长大了，开始在地板上爬来爬去。最后，我们发现厨房的抽屉里装满了要用手和嘴来检查的物品。当我们开始学走路时，有更多的东西可供探索：海滩上柔软的沙子、公园里柔软的草地，或者田野里闪闪发光的雪。这是无穷无尽的探索。我们感觉到了。就像长袜子皮皮一样，我们是一阵聪明、喧闹、独立和创造性的旋风。那时我们的生命很鲜活。

我们这样做是因为我们有充裕的时间。除了定时的午睡和零食，没有人告诉我们要在一天结束前完成一项任务，也没有上级要求我们要“少花钱多办事”。我们的每一分钟都不会被繁重的日程安排、空洞的会议或仓促的最后期限所占据。社交媒体对我们来说就像我们塞进嘴里的那些东西一样陌生。最重要的是，我们还没有形成开放式思维的3个抑制因素中的任何一个：冷漠、优柔寡断或僵化的思维。冒险建立在冒险的基础上，我们喜欢这样。没有“一切照旧”这回事。我们可以自由地进行创造性地思考，也不怕这样做。我们没有认知偏见。

如果我们快进到我们成年后的生活，我们现在知道，我们想成为探险家的愿望与被过度开发的现实之间存在冲突。事实上，巴伊兰大学神经学家、哈佛医学院教授摩西·巴尔在2016年发现，当我们头脑清醒时，创造性思维是我们默认使用的认知模式。但是有一个问题，巴尔和他的同事们进行的研究发现，任何探索的机会都会因为大脑被占用而减少。雪上加霜的是，如今我们的大脑似乎被过度占用了，这就是我们诉诸使用时间而不是探索时间的原因。

当我们的思想被任务压得不堪重负，或者我们必须忍受沉重的精神负担时，我们就会持续地、相当有效地完成我们已经知道的事情。当我们太忙的时候，我们会选择去做可预测结果的事情。最终，我们会变得迟钝和麻木。如果我们的精神负担使我们筋疲力尽，任何提高创造力的机会都会减少。此外，正如宾夕法尼亚大学沃顿商学院的詹妮弗·穆勒在其2017年出版的《创造性变革》一书中所说的那样，人们往往认为提高创造力是他们更想要做的事情，但当有机会进行创造性思考时，他们最终却拒绝了。这是花更多时间探索而不是使用时间的关键。反思和采取行动之间的平衡从来没有受到如此大的关注。

在本书中，我们需要思考以下这些私人问题。

- 当你有空的时候，你是如何度过的?
- 你是否经常漫无目的地浏览社交媒体的内容来打发空闲时间?
- 你的生活是否变成了这样一种状态：即使有空闲时间，你也会感到压力太大或疲惫不堪，无法进行创造性思考?
- 你花了多少时间让你的思想游荡？你做白日梦吗?
- 你在读什么类型的书？你有没有注意到你长时间阅读的次数或阅读的书籍数量正在减少?

当工作中出现压力、忙碌甚至冷漠的思维时，工作质量就会受到影响。如果你没有投入时间来丰富你的知识，你如何形成新的想法?如果我们过度规划工作日的每一秒，我们最终会表现出紧张和疲劳。当我们太紧张而无法做梦、太沮丧而无法选择另一条道路时，就会产生冷漠的思维。它导致低反思和行动停滞。最终，这种冷漠的行为会影响创造性思维，其后果可能是深远的，无论是对你的事业，还是对组织的目标。正如巴尔指出的那样："大脑的自然倾向是探索和喜欢新奇，但当它被占用时，它会寻找最熟悉的、不可避免的最不有趣的解决方案。"

工作场所的创造性思维不会在一夜之间孵化出创新。思想不是偶然从天而降的。例如，许多人仍然相信查尔斯·达尔文在1835年在加拉帕戈斯群岛上旅行期间提出了他的自然选择理论。事实上，他在他的著作《物种起源论》中提出的进化论，是在他回到英国之后才开始形成的。这本书直到1859年，也就是在他旅行后的25年才出版。与流行的神话和信仰相反，达尔文需要时间来思考并最终确定这个理论。

创造性思维要求你既要投入时间，又要探索如何使用时间。有趣的是，在上一章中提到的IBM公司调查中，来自60个国家、33个不同行业的1500多名CEO中，创造性思维被认为是驾驭商业环境所需的最重要的组织特性。

贝尔实验室的座右铭是"伟大的创意需要时间"，它也是将创造性思维培养成为一种组织特质的杰出典范。贝尔实验室的员工以探索自己的时间（和创造力）、创造出诸如激光束和晶体管等获得诺贝尔奖的成果而闻名。贝尔实验室里到处都是科学家和工程师。你可能认为他们是时间的探索者和使用者，但这并不意味着他们的组织没有利用创造性思维。

上文中，我请你考虑一些关于你时间使用的私人问题。现在我想让你考虑下面这些专业问题。

- 你在工作中的角色是否太孤立，以至于没有机会发挥创造力?

- 你的日程是否安排得太满了？你是不是像僵尸一样从一个会议游荡到另一个会议，还在想你为什么会出现在那里？
- 你组织的文化是一种开放共享的、在采取行动之前使用协作技术进行思考和集思广益的文化吗？
- 创意是否只留给少数人去想？与此相反，来自组织任何部分的创意是否被视为变革或成长的机会？
- 在创造性思维的过程中，你的组织是否容忍甚至鼓励错误？

罗德岛设计学院前院长约翰·梅达曾写道："创造力可以在人们身上被重新点燃——所有的孩子都有创造力。他们只是在成长过程中失去了创造力。"没有比这更真实的了。也许我们应该回顾一下我们小时候在地板上爬来爬去的日子。也许这是一个信号，暗示我们必须放弃一些东西来激发创造性思维。

功能固定性

在第二章中，我介绍了我的学生在BCIT进行纸塔练习的故事。现在，我向你介绍一个创造性思维的实验。

想象你走进了一个房间。有一张桌子，一张木椅和四堵空墙。墙是用典型的石膏板做的，在地板上和墙上都找不到别的东西。这个房间被头顶的灯照得很亮，所以你可以看到你在做什么。桌子上有下列材料：

- 一包普通火柴；
- 一盒30只标准尺寸的图钉；

- 两根蜡烛。

说明：只使用桌子上的材料，也就是说你不能使用桌子或椅子，思考如何把蜡烛安装到墙上。想一想如何点燃蜡烛来照亮房间。你不能使用任何其他材料。

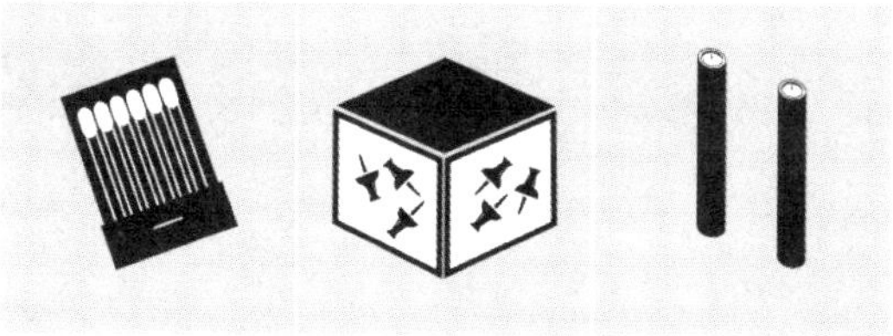

你成功了吗？心理学 家卡尔·邓克在1945年发明了“烛光测试”，以确定我们在解决问题时是否会遇到“功能固定性”。事实证明我们会。通常，当我们收到关于某一特定情况的信息时，我们往往会立即采取行动，而不是停下来创造性地思考如何将这些信息用于不同的目的。邓克称之为“功能固定性”，它概括了人类的默认行为。我们拥有一种固定的心态，即使眼前的东西可能会改变结果。

当你进行烛光测试的时候，你有没有想过用图钉把蜡烛直接钉在墙上？还是你先点燃蜡烛，然后用一些蜡把蜡烛粘到墙上？这两种做法都可能成功。

不过，还有另一种可能性。你有没有考虑过用图钉盒子作为放蜡烛的托盘？你可以把他们盒子里的图钉清空，然后用其中的几个图钉把盒子钉在墙上。然后你可以点燃蜡烛，把蜡油滴到盒子里的两个点上，再把蜡烛放在熔化的蜡池上，这样它们就可以保持直立并固定在墙上。

这就把我们带回到了开放式思维框架下的创造性思维。即使一个答案看起来就在我们眼前，也许我们应该再多停一会儿，或者让其他人参与到创意中来，看看在继续前进之前是否还有其他选择。我们可以将其比作动脉粥样硬化，这是一种指向动脉硬化的医学表征。如果我们思维僵化，放弃梦想或思考，创造性思维"硬化"就一定会发生。

马奇诺防线为我们提供了一个历史上"功能固定性"的例子，以及它在整个欧洲产生的影响。马奇诺防线位于法国东部边境，全长近320千米，是法国在第一次世界大战后修建的，目的是保护自己免受德国的潜在攻击。这个地下隧道系统可以说是一座现代城市。这座戒备森严、仿佛迷宫一般的地下城市里有商店、小教堂、学校、医院，甚至还有电影院。法国人是如何表现出"功能固定性"的呢?

第一次世界大战是在成千上万条战壕中进行的，这就是术语"壕沟战"的由来。20世纪30年代初，当阿道夫·希特勒在德国掌权时，法国为另一场不可避免的战争做好了准备，它打造了马奇诺防线，假设下一次战争也将在战壕中进行。和德国一样，法国也有一包火柴、一盒图钉和两根蜡烛。但是，法国及其军事领导人没有看着摆在他们面前的材料来思考不同的选择，而是陷入了一种僵化的思维状态。

法国领导人表现出的自满是他们在第二次世界大战中崩溃的一部分原因。然而，德国没有被"功能固定性"所迷惑，而是发明了一种被称为"闪电战"的全新战争形式。这种"闪电战"既可以在空中进行也可以在地面上进行，以快速、突然的行动出乎对手的意料。当德国在1940年，也就是第二次世界大战开始的第二年入侵法国时，它并没有试图攻破马奇诺防线。相反，德国从侧面包抄法国，从后方发动进攻，最终使其"闪电战"战略得到有效实施。而法国人躺在他们巨大而精致的战壕里等待着，等待敌人从东方逼近并正面攻击他们。法国从未预料到对手会用“闪电战”来对付他们。

创造性思维需要想象力。如果不小心，“功能固定性”可能会在任何时候打击任何人。即使在答案似乎显而易见的情况下，我们也应该记住，在选择似乎是最佳道路时，我们可能会变得多么盲目。

放下固有习惯

到目前为止，我已经介绍了几种可以质疑你创造性思维习惯的方法，包括头脑风暴、避免功能固定性、日程安排、不那么忙碌和花更多时间做梦等。最后一个要介绍的开放式思维的抑制因素有关于你的个人组织能力和习惯。坦率地说，如果你的日常工作没有条理，你就不太可能表现出创造性思维。我观察到的帮助实现创造性思维的最成功的习惯之一，很简单，就是把事情写下来。

维珍集团CEO理查德·布兰森呼吁人们随身携带笔记本。他曾经说过：“我在旅行时随身携带的第一件东西就是笔记本。我可以用它来记录想法、联系方式、建议和问题，也可以用它来解决问题。你的生活将会因此变得更有条理。”当他谈起维珍集团及其组织如何发展成为今天市值200亿英镑的巨头时，布兰森说：“如果没有那几张纸，我永远不可能把维珍集团发展到现在规模。我认为，如果你要经营一家真正私人化的航空公司，那些小细节才是关键，因此笔记本是我旅途中必不可少的一部分。”

我曾经问戈德·唐尼——我在第一章中介绍的“悲剧嘻哈”的主唱和作词人、诗人——他是如何记录自己的歌词或诗歌灵感的，他提到他用了一个精心设计的鼹鼠皮笔记本。这些笔记本被他从A到Z贴上标签，记录了他对生活的观察、偶得的妙语和有意无意中想到的概念。戈德于2017年10月去世，他是一位多次获得朱诺奖的艺术家。无论他走到哪里，人们都能看到他随身带着一本鼹鼠皮笔记本。他手头有一支四色的笔，这样他就可以立即以不同的方式记录自己的想法。当他写一首歌或一首诗时，鼹鼠皮笔记本就派上用场了，创作就此开始。

与布兰森和戈德一样，音乐家乔尔·普拉斯基特认为，不断捕捉进入他视野的东西有助于他的创造性思维。乔尔是一位加拿大歌手兼作曲家，《公告牌》杂志称，他的音乐"融合了充满活力的旋律和流行音乐与硬摇滚的力量"。乔尔是伊丽莎白二世钻禧奖章的获得者，自20世纪90年代初以来，他一直在创作、录制和演奏音乐。"除非我不得不编辑我自己，否则我不会编辑我自己，"乔尔对我说，"我用iPhone不断地记下自己的想法、备忘录和笔记，其中很多都是胡言乱语。"乔尔还告诉我："但如果我们不能捕捉到脑海中出现的胡言乱语，我们就错失了产生新想法的可能性"。

他说："通常，我在写一篇文章的时候并不知道这些话是什么意思，我之前写的东西可能很老套，但我把它调整了一下，最后喜欢上了它。那些原话实际上把我推出了我的舒适区。总体而言，这一过程使我成为一名相对多产的作家和音乐家。"

我不是像戈德或乔尔那样的专业音乐家，但作为一名作家，我经常使用印象笔记应用程序。在任何方便的设备上，自从这款基于云计算的应用程序于2008年问世以来，我不仅用它写了3本书和数百篇专栏文章，它还成了我的思想宝库。我的诗也存放在那里。如果没有它，我不确定我将如何收获每天突然出现在我脑海中的荒唐想法。最简单的经验是，以任何适合你的方式写下你的想法。或者，正如哲学家兼学者马歇尔·麦克卢汉曾经写道的："打字机是记录思想的一种手段，而不是表达思想的手段。"

女帽店的启示

当你走进利利普特女帽店时，你首先注意到的是这个团队的创造力。因为当你进入大门时，你的眼睛会被各种颜色、羽毛和毛毡所吸引。正如我在第一章中提到的，在你左右的墙上及齐腰的展示台上，醒目的位置都是利利普特女帽店员工创造的各种帽子。虽然这家商店主要是一家定制帽子的女帽店，但展出的帽子也可以现场购买。但是，这些巧妙展示的真正目的是展示女帽店的集体想象力。这是他们创造性思维的展示。这是"可能性的艺术"。

"帽子是王冠和荣耀，"卡琳在谈到利利普特女帽店时说："它是你的冠盖、你的头巾，也可能是一个糟糕的头饰。我们希望进店的顾客能马上看到什么是可能的。"店里展出的帽子让我想起了O2E品牌的创始人兼CEO布莱恩·斯库达莫尔，以及他在总部设置的"你能想象吗？"墙。这堵墙既激发了灵感，又提醒着人们创造性思维的重要性。

创造性思维要求我们每个人都要有创造力，我们也不能逃避它。如果我们从字面上或形象地展示"可能性的艺术"，可能会让你和其他人更有创造性地思考。至少，这可能会鼓励你养成开放的思维习惯。

适用于个体的创造性思维技巧

- 停止过度使用你的每一分钟。创造性思维需要空间和时间。想办法让你的思想自由游荡。至少，不要盯着你的智能手机或不停地参加会议来填满每一分钟的空闲时间。允许自己“沉浸在当下”。

- 倾听、注意和观察。每一天都有新的机会来学习和评论眼前的事物。打开你的眼睛和耳朵，去观察周围的环境。让随意的想法把你带到任何地方。

- 写下来。设计一种适合你自己的记笔记的方法，提醒自己一整天都在想些什么。你不可能记住你遇到的每件事，但创造性的想法随时都可能冒出来。

适用于组织的创造性思维技巧

- 分析员工的精神和身体负荷。如果组织（及其领导）不知道员工在工作中投入了多少时间或精力，他们应该找出原因并解决这一问题。认知负荷过大会阻碍思考，还会影响生产力。如果你想获得可持续的、长期的成功，你需要给创造性思维留出空间。

- 协作文化培育创造性思维。一个知道如何协作的组织可以消除员工之间的隔阂和孤岛，将更容易释放创造性思维。分析组织文化。如果它是封闭的、非协作的，就采取措施让员工和团队更好地协同工作。

- 培养组织的创造性思维模式不能操之过急，这需要时间。在项目计划中加入头脑风暴或思考环节。确保组织不会口惠而实不至地支持创造性思维。鼓励员工自由思考，想出创新的方法来支持新的想法或现有的目标。

第三章

批判性思维

思维黑洞

只有在我们的决策中，我们才是重要的。

——让-保罗·萨特

我和我为写本书而采访的大多数人都讨论了批判性思维的抑制因素。大家的观点基本上是一致的。社会上正在发生一些事情，这不是好事。

我们变得太心浮气躁了。

伴随着各种通知或成功发送短信或电子邮件，下一次多巴胺袭击的诱惑显著增加。许多受访者都有类似的担忧。我们已经成为过于仓促的决策者。此外，认知失调比正常情况下更为普遍。认知失调是指当人们同时持有两种或两种以上相互矛盾的信念或想法时感到精神痛苦的一种状态。我们将在本章的后面部分讨论这个抑制因素。

我们也有一种通过浏览标题而不是了解长期趋势线来仓促下结论的倾向。所有这些都在影响我们的批判性思维。当然，这就涉及时间概念。我们是如何花费时间的，这对我们的批判性思维有何影响？我们最应该关注的是时间的这个方面，以及它与我们的心浮气躁和科技上瘾的关系。

我们在前一章中提到的音乐家乔尔·普拉斯基特认识到，他的批判性思维受到了电子设备的诱惑。他决定删除他iPhone上所有的社交媒体应用程序。“我意识到我已经对手机上瘾了，”他说，“它破坏了我的专注能力……持续不断的科技攻势把一切都搞砸了。我们正处于人类技术发展的一个非常奇怪的关键时刻。”

他以20世纪90年代的巡演与今天的不同为例。“我记得我在座位下面放了一盒地图。我记得我给俱乐部打电话，问它们在哪里。这些都不是通过互联网完成的，所有这些都不是通过电子邮件或短信完成的。你必须打电话给俱乐部，找出它的实际位置。你必须与某人交谈，花一些时间思考，然后使用地图准时到达演出地点。”乔尔认为，科技让我们不再批判性地思考一些简单的日常行为。

第一届“不可征服运动会”的成功启动需要大量的批判性思维和时间管理。这正是活动负责人多米尼克·里德的职责所在。哈里王子是该运动会背后的灵感来源，这是一项为受伤、患病的现役军人和退伍军人举办的国际体育赛事。第一届于2014年在伦敦举行，有数百人参加。随后的活动在奥兰多和多伦多举办，赢得了全球的赞誉。

“不可征服运动会”由为期一周的体育赛事组成。多米尼克是伦敦首届“不可征服运动会”的赛事总监，这次运动会最终取得了巨大的成功。这导致了“不可征服运动会”基金会的创建，多米尼克被任命为该基金会的CEO。该基金会的目的是确保运动会的未来。多米尼克的职业生涯跨越了士兵、建筑师和重大事件负责人的角色。正是他在职业生涯中的观察进一步揭示了批判性思维的抑制因素，并加强了我对时间管理的关注。

“如今，由于世界的运转方式发生了巨大的变化，每个人都面临着巨大的时间压力，”多米尼克说，“电子通信带来了一种期待即时回应的文化，这给人们带来了很大的压力。这会导致人们对事物做出反应，因为他们必须让别人看到他们对事物做出反应。技术导致人们的行为方式发生改变，否则他们可能不会这样做。”在多米尼克所处的行业中，他举办的大型活动只有通过协作才能成功。回顾一下上一章的内容，我的观点是，如果开放式思维尚有机会，就应该建立一种协作文化。多米尼克的项目规模巨大，但它们能够繁荣发展的唯一途径是他的整个团队都参与并投入这些项目。要达到积极的结果，就必须统一运用开放式思维。多米尼克发现，成功往往归因于有时间运用批判性思维。

除了“不可征服运动会”，多米尼克还负责其他重要活动的举办，如皇家学会成立350周年纪念和女王金禧纪念活动，多米尼克还是伦敦“市长秀”的表演大师，这是世界上最大的未经彩排的游行活动，游行队伍横跨伦敦市，长达5.5千米，到处都是人、马、车、士兵、乐队、自行车和巨型“鱼”。他担任这个职务已经超过了25年。

多米尼克说：“过去，我们通常通过电话和面对面的交谈来做事。”这很像乔尔·普拉斯基特过去通过电话和实物地图来寻找他的演出地点。“你会信任团队中的其他人，因为你们面对面地建立了关系。在建立关系的过程中，你最终会建立起一种协作感。你记得一些事情是因为你对另一个人说了那些话。你几乎认为这是理所当然的。但它起作用了。现在，这一切都是通过电子邮件和技术完成的。电子邮件作为审核线索是失败的。这正在成为一个大问题。”多米尼克明确指出了一件事：技术会影响时间，而这又会对批判性思维产生不利影响。

多米尼克还坚持认为，一种正在加速的趋势进一步影响了批判性思维。他觉得电子邮件似乎只是一个推卸责任的借口。人们对技术的逐渐依赖改变了团队、项目的文化，对他来说，还改变了成功组织大型活动的要求。“电子邮件和科技让每个人的思维都变得紧张，而且是以一种不好的方式。技术几乎一下子造成了新的约束，消除了同时持有两种截然相反观点的机会。要在我的业务中保持高效率的关系，你需要有一个极其详细的计划，而且你必须能够说‘我们现在需要改变这一点’。如果被技术淹没，很多人会感到非常恼火。”

当多米尼克开始强调同时持有两种相反的观点来改进批判性思维的必要性时，我又想到了罗杰·L.马丁的研究和他提出的整合思维模式。但多米尼克的观点很重要，值得重视。他认为，由于技术的涌入和“永远在线”的心态，我们甚至失去了辨别两种相反观点的能力。要形成一个由每个对立观点的优点组成的新想法，领导者应该帮助团队成员管理他们的时间。如果人们因为“永远在线”的心态而更加仓促地做出决策，就没有机会考虑相反的观点。如果时间是敌人，技术是武器，那么每个人最终都会成为战争的牺牲品。为了应对这种困境，多米尼克介绍了一个批判性思维技巧：“我们需要有能力为别人和自己创造空间，让他们既有创造力又有批判性。”

多米尼克认为，领导者应该给团队成员提供“顶层掩护”，让他们的想法得以实现，让他们的决策得以落实。他承认这已经成为一项艰巨的任务，但他仍然坚定不移地努力帮助他的团队培养批判性思维。他提出了一个他称之为“有目的的拖延”的概念，这是一种让人“无所事事”的方式。“我观察到的是，”他继续说，“不回应——把事情留在待办事项清单上——会带来很多好处。有些事情会自然消失。有时会有更多的时间来做出有节制的反应，或者其他一些零碎的内容会给你灵感。如果你把它搁置几天，你最终会得到正确的答案。这就是我教给我团队的东西。”

多米尼克坚持认为，“有目的的拖延”策略教会我们一种停顿的文化，一种允许对立思想共存的文化。这个策略最终会带来更好的决策。它并不是故意错过最后期限，“不，”多米尼克解释道，“会有一段时间来缓冲，以改善决策和批判性思维。”然而多米尼克承认，“有目的的拖延”的概念是复杂的，而且永远不会终结。“电子邮件和短信是为了工作而创造的工作，”他说，“它创造了比需要完成的工作还要多的工作。遗憾的是，要传授这种停顿的文化真的很难。如果你看看人们的工作方式，你会发现其节奏简直是疯狂的。但是，一旦每个人都适应了这种‘拖延’，好处就真的很大了。”

根据美国哲学协会的说法，批判性思维是“有目的的、自我调节的判断过程”。如果我们不创造时间来影响更好的批判性思维，我们只会在一种不断行动的文化中运作，充满了僵化、优柔寡断和冷漠的思维。

本书的第三章专门讨论批判性思维。在本章的剩余部分，我们将继续探讨影响批判性思维的各种抑制因素。在第五章中，我们将补充多米尼克的“有目的的拖延”这一概念，并探索其他方法来改进我们的批判性思维。

苏格拉底与奈飞

1997年，里德·哈斯廷斯将他的公司Pure Software以7.5亿美元的价格出售给软件公司Rational Software。不久之后，他用出售所得与人共同创立了奈飞公司。当时，它还不是今天的在线流媒体帝国。尽管现在看起来有些过时，但奈飞最初确实是一家DVD邮购租赁公司。哈斯廷斯创立奈飞的灵感来自他因延迟向百视达归还DVD而被罚款40美元。到2018年，该公司拥有近4000名员工，收入近90亿美元，不仅发展了在线流媒体服务，而且是一家成功的影视机构，制作了《皇冠》《无为大师》《好监狱》等热门电视剧。顺便说一句，百视达在2010年申请了破产保护，并在2011年将剩余的1700家门店出售给了卫星电视提供商迪什网络公司。

奈飞还以其先进的人才战略和企业文化而闻名。例如，它的费用控制政策是：按照奈飞的最佳利益行事。年度绩效评估是不存在的。该公司更喜欢频繁的辅导谈话。如果员工愿意，他们可以享受无限期的带薪假。发放给员工的股票期权不含行权期。然而，也许我最欣赏奈飞的地方在于它的价值观，以及它们塑造公司行为和文化的方式。

奈飞有9个核心价值。第一个是关于批判性思维的，奈飞将其称为“判断”，并将其定义为：

- 尽管模棱两可，你还是做出了明智的决策（人员、技术、业务和创意）；
- 找出根本原因，而不仅仅是解决表面问题；
- 从战略的角度思考，能够清楚地表达出你想做什么、不想做什么；

- 你明智地区分了现在必须做好的事情和以后可以改进的事情。

这4条是正确运用批判性思维的重要信号。奈飞要求其员工权衡近与远、易与难、已知与未知。这个公司不希望其员工盲目地做出判断，而是公开地做出判断。它呼吁人们通过反思和行动来寻求真理，它还希望他们采取行动，而不是犹豫不决。判断对奈飞来说是如此重要，以至于它是这个公司的第一价值。

奈飞教导员工不仅要识别今天的信息，还要展望未来的需求。不仅要说“是”，还要说“不”，这样才能进一步实现平衡。这就是奈飞的方式。在行动和反思中都要有判断力。这听起来很有哲理，但又很实际。

苏格拉底——许多人认为他是西方哲学之父——是一个追求真理的人。古雅典是他培养批判性思维习惯的地方。雅典卫城的西北部是雅典广场。大多数希腊城市都有一个位于城市中心附近的广场，是精神、学术、体育、艺术和政治活动的聚集地。

在雅典广场内，帕纳塞纳克大道以南是公共水井。就在300多码外，左边有一个门廊，被称为“宙斯之塔”。苏格拉底经常就在同名英雄纪念碑旁边，在门廊里，站在一个木箱上，与一群人热烈地讨论着。听起来他们好像意见不合，因为他们声音很大，看起来像在争吵。但这正是关键所在。

苏格拉底尤其以引入希腊语中称为“驳难”的方法而闻名，这是一种通过提问和回答来引出真理的方法。聚集在宙斯之塔的人们之间的辩论就是行动中的驳难，这是一种辩证的批判性思维方法。它需要不断地提出问题和回答问题。有了驳难就可以克服偏见，推翻假说，捍卫或挑战观点。驳难发生在两个或两个以上持有不同观点的人之间，其目的是引出他们对某个主题的看法，不仅是为了建立真理，理想情况下也是为了在两种观点之间建立新的共同点。

根据柏拉图的著作，早在雅典时代，苏格拉底就频繁地使用驳难。苏格拉底在寻找真理的过程中，认为合作辩论才是其实现的方式。更具体地说，对于苏格拉底来说，驳难使他能够确定人类是否有能力过上美好的生活，同时探究我们是否知道我们应该如何过上美好的生活。这就是他的追求，对真理的追求。目的是使自己暴露于未知和相反的观点。

苏格拉底从不认为他拥有所有的答案。相反，驳难会提供他所遇到的许多观点所传递的独特真理。关键问题是一直有弱点。由于苏格拉底易受攻击，他无法独自得出结论。他利用他人信仰的巨大力量定义了一个新的真理。苏格拉底的批判性思维方法从多个角度创建一个端点，最终做出明智的决策，推动一个想法向前发展。

让我们回到奈飞。当你重读这4条定义奈飞关于“判断”价值的文字时，想象一下自己身处公司总部。这会不会是一个现代的“宙斯之塔”，在那里，员工被鼓励每天使用“驳难”。至少，在评估你的批判性思维习惯时，奈飞和苏格拉底提供了很好的精神食粮。

认知失调

奈飞对其“判断”价值的定义是为了防止认知失调，我承诺过要回到这个术语。利昂·费斯廷格于1957年发表了他的认知失调理论，对批判性思维产生了深远的影响。费斯廷格认为，当人们拥有相互冲突的信仰或观点时，就会导致精神上的不和谐。人们试图避免的正是这种不和谐——然而，这种不和谐最终会给他们造成最大的伤害。费斯廷格写道：“当不和谐存在时，除了试图减少不和谐，人们还会积极避免可能增加不和谐的情况和信息。”就奈飞而言，这家公司真心希望其员工接受多元化的观点。

认知失调可能是工作场所压力的一个重要来源。如果遇到与你的信仰或目标背道而驰的情况，很容易让你进入优柔寡断的思维模式，而不是采取任何措施。你的思维最终会陷入瘫痪，无法做出更好的决策。任何一种与你被要求的任务或行动的深刻冲突都可能把你推入思维瘫痪的状态，阻止批判性思维的发生。

2003年，19岁的伊丽莎白·霍尔姆斯从斯坦福大学一年级辍学，创立了位于帕洛阿尔托的塞拉诺斯公司。在当时，塞拉诺斯是一个让人觉得不可思议的公司。在斯坦福上学期间，霍尔姆斯认为一种先进的手持医疗设备可能会有市场。该装置将能够根据抽取并插入设备中的微量血液，产生实时评估，显示你的身体如何与某些药物相互作用。想象一下，这或许可以挽救生命或预防疾病。

霍尔姆斯当然就是这样想的。对于一些硅谷投资者来说，塞拉诺斯是一个极有吸引力的项目。到2014年，金融支持者投入了大量的资金，这家私人持股公司的市值达到90亿美元，霍尔姆斯本人身价高达45亿美元。2015年，霍尔姆斯被《福布斯》评为“最年轻的白手起家女性亿万富翁”。

但是，帕洛阿尔托公司发生了一些令人震惊的事情。当塞拉诺斯专注于建设客户可以走进的健康中心，并与沃尔格林和资本蓝十字等公司合作销售手持设备时，该公司同时也采取了不道德的行为。它不仅用西门子开发的血液检测设备取代了自己的血液检测设备，而且它的实验室结果也被证明是错误的。有些数据被篡改了。

根据医疗保险和医疗补助服务中心的说法，他们位于加利福尼亚州纽瓦克的测试实验室“不符合证书要求和性能标准”，这对“患者的健康和安全造成了直接的威胁”。多亏了《华尔街日报》的约翰·卡雷鲁等记者的调查工作，霍尔姆斯和塞拉诺斯被曝光。美国证券交易委员会于2016年开始对此进行刑事调查。90亿美元的市值很快就烟消云散了。到2016年，该公司的市值已降至8亿美元，降幅超过90%。由于股权结构的原因，霍尔姆斯在塞拉诺斯的净资产几乎跌为零。2017年年底，该公司从峰堡投资集团公司获得了1亿美元的贷款。2018年，霍尔姆斯要求股东提供更多资金以维持运营。

关于塞拉诺斯一案和批判性思维有两个中肯的观察。第一个与霍尔姆斯和其他知道这些不当行为的高级领导者有关。他们是不是被这些投资资金的诱惑和媒体对该公司的热切关注蒙蔽了双眼？他们没有坦率地承认实验室的失败，而是掩盖事实，假装什么都没有发生。这不仅最终对他们的品牌和运营造成了很大的伤害，还改变了整个公司的结构和宗旨。最终，塞拉诺斯解雇了500多人——占员工总数的70%以上；到2017年，在关闭了所有血液检测实验室和健康中心后，该公司专注于便携式医疗设备的生产。

第二个观察来自一位举报人。泰勒·舒尔茨在塞拉诺斯工作了大约8个月，终于看不下去了。他没有对他所目睹的一切袖手旁观，而是采取了行动。舒尔茨确信公司在某些方面存在不道德的行为，他首先给霍尔姆斯写了一封信，阐述了自己的担忧。没有产生预期的反应。尽管他的祖父乔治·舒尔茨——理查德·尼克松总统的财政和劳工部长、罗纳德·里根总统的国务卿——是塞拉诺斯董事会的成员，他还是坚持自己的观点。

年轻的舒尔茨不会听之任之。他下定决心不仅要纠正错误，而且要做出更好的判断。他最终联系了华尔街日报，揭露了公司的不当行为。他的勇气拯救了生命，尽管这导致公司数百人失业。对于这种情况，舒尔茨是这样说的："欺诈不是商业秘密。我绝不会让欺凌、恐吓和威胁来剥夺第一修正法案赋予我的公开反对不法行为的权利。"归根结底，霍尔姆斯和塞拉诺斯的垮台可以部分归因于认知失调，以及霍尔姆斯拒绝使用批判性思维来避免这种失调。遗憾的是，这最终给许多涉众造成了不必要的伤害。

相信这一点

我还想详细介绍另一个企业的例子，它强调了批判性思维的重要性。在这个案例中，有5000多名员工受到牵连。

富国银行是一家总部位于旧金山的美国银行，2017年营收接近900亿美元。2016年9月，该行卷入了一场大规模的公关危机。如果你认为2008年底特律汽车制造公司的CEO乘坐私人飞机到华盛顿请求250亿美元救助时的情况很糟糕，那么富国银行的情况可能会让你头晕目眩。

消费者金融保护局发现，富国银行员工创建了200多万个虚假的客户银行账户，该机构不仅认定富国银行在5年的时间内伪造了这些账户，还发现没有一个客户授权银行代表他们这样做。超过5000名富国银行员工被认为对该计划负有责任。在客户不知情或未经他们同意的情况下，非法让数千名客户参加金融服务是一种严重的失信行为。消费者金融保护局的结论是，与销售目标挂钩的奖金和其他财务激励措施，是富国银行如此多员工做出此类应受谴责行为的原因。2017年，消费者金融保护局将受影响的客户总数修订为350多万。

不出所料，消费者金融保护局向富国银行开出1.85亿美元的罚单。消费者金融保护局董事理查德·科德雷指出:“由于这些违规行为的严重性，富国银行支付了消费者金融保护局迄今为止开出的最大罚单。”2017年7月，旧金山的一名联邦法官裁定，对于该银行客户提出的集体诉讼的和解方案是“公平、合理和充分的”。这次和解金额为1.42亿美元。在集体诉讼和消费者金融保护局罚款面前，富国银行损失了超过3.25亿美元。此外，该公司在2017年年底的报告中称，已拨出逾10亿美元用于相关法律费用。

由于数百万客户受到这些不道德行为的影响，客户满意度受到损失也就不足为奇了。就在危机爆发几个月后，富国银行报告称，其许多关键业绩指标受到了负面影响。例如，2017年1月，新开立支票账户的客户数量比前一年下降了31%，信用卡申请数量也下降了47%。此外，许多客户完全避开了银行，分行访问量下降了14%。

在2016年秋季接受《华尔街日报》采访时，富国银行CEO约翰·斯坦普夫明确将责任归咎于“流氓员工”，而不是该组织的文化或道德。斯坦普夫表示，因丑闻而被解雇的5300名员工未能将客户放在首位，也没有尊重银行的愿景和价值观。“如果他们不按照我们的要求去做——把客户放在第一位，尊重我们的愿景和价值观——我不希望他们留在这里。”斯坦普夫说。几周后，斯坦普夫辞去了CEO一职，带着1.331亿美元退休，由蒂姆·斯隆接任CEO。几个月前，富国银行零售贷款业务主管凯莉·托尔斯泰特也突然从公司退休。斯坦普夫称她是“我们文化的旗手”和“我们客户的捍卫者”。她是负责富国银行业务部门的高管，那些虚假账户就是在那里开立的。托尔斯泰特带着1.24亿美元的奖金，早在消费者金融保护局的调查结果公布之前就离开了。

虽然数以千计的员工因为他们的所作所为而失去了工作，但还有成千上万的人想知道这些行为最初是如何发生的，以及为什么会发生。毕竟，斯坦普夫不是说过，他希望在银行工作的员工尊重该行的价值观吗？这正是缺乏批判性思维会对开放式思维模式造成不利影响的地方。它也可能与更高的目标背道而驰。

富国银行倡导合理决策建立在敬业和道德文化的基础上。该银行坚称，其道德标准是“我们每个员工每天做出的所有决定的总和”。该行这一部门的领导文化是由积极的增长和利润为动力的。当虚假的激励融入任何组织的经营理念中时，必然会对批判性思维产生不利影响。

这家银行只是在口头上宣扬自己的价值观吗？那些同谋的员工是怎么回事？在第一章中，我将批判性思维定义为“对观点和事实进行透彻的分析，以做出合乎道德的、及时的决策”。该银行在为客户服务时是否表现出批判性思维？也就是说，它在做决策的时候合乎道德吗？富国银行对其价值观定义如下：

- 以人为本的竞争优势；
- 道德规范；

- 适合客户；
- 多样性和包容性；
- 领导力。

富国银行的价值观有助于推动公司对员工的另外三种行为：对话、互动和决策，所有这些都是批判性思维所必需的。上面写道：“如果我们不能把我们的工作与我们的价值观联系起来，我们应该问问自己，我们为什么要这么做。就这么简单。”该银行进一步推断，其文化是由“以客户为中心的思维和行为模式”定义的。

几年来，富国银行的许多员工都有意识地选择跳过公司的价值观。根据公司的价值观和预期行为，遵守道德和做正确的事情是把客户放在第一位的必需条件。但富国银行的这些员工不知何故似乎忽略了这些。涉案员工在行动时没有考虑到潜在的后果。也许有些人是迫于压力才犯下这样的罪行，其他人可能因为害怕丢掉工作而不得不无视公司的价值观。无论如何，富国银行的案例确实应该让我们停下来思考。

批判性思维要想成功，人们应该愿意与事实、数据和所有相关信息进行公开对话。正如苏格拉底所展示的那样，与他人交谈，并对新的观点和机会保持开放的心态是一种很好的习惯。真理很重要。与信息的互动和与人的互动一样重要。在做出合乎道德和及时的决策之前，应该留出时间对各种选择进行反思和评估。这些步骤与个人及整个组织都息息相关。要让批判性思维在多个团队和业务部门中发挥作用，所有团队成员都应该相互交流和互动，以做出更好的决策。

显然，富国银行员工的行为是不道德的。他们中有多少人进入了认知失调的状态？有多少人知道他们的行为是错误的，却继续欺骗一个又一个客户？回想一下我们的希腊比喻，有多少人走进了广场，支持自己的辩证思维道路，从而引起了共鸣？很难想象这些行为会发生在一家具有良好批判性思维的公司。

在富国银行，或者至少在凯莉·托尔斯泰特领导的部门，完全没有遵守自己的价值观。这是哈佛大学管理学教授克里斯·阿吉里斯和他的同事唐纳德·舍恩于1974年提出的“信奉的理论与实践中的理论”概念的一个明显例子。“信奉的理论”的定义是：“人们相信自己的行为所基于的世界观和价值观。”阿吉里斯和舍恩将“实践中的理论”定义为：“人们的行为或他们用来采取行动的地图所隐含的世界观和价值观。”从本质上说，富国银行是通过它的五项富国银行价值观来定义自己的。实际上，该公司实践中的理论与其信奉的理论是对立的，它谈到了关于道德、客户利益和领导力等价值观，但实际上并没有将其付诸实践。只说不做。

富国银行的许多员工不仅忽视了它的道德规范，而且忽视了该公司所宣称的“以客户为中心进行思考和行动”的文化。简单地说，他们没有在迫切需要的时候使用合理的判断。他们最终陷入了选择行动而不是反思，选择利润而不是目标，选择理论不作为还是信奉理论的陷阱。数千名富国银行员工因此失去了工作，成千上万名客户也受到了影响。当然，富国银行也因为缺乏批判性思维而遭受了巨额损失。这表明，糟糕的（或缺乏）批判性思维的代价有多大。

教皇与总统的权衡

个人对技术的掌握进一步抑制了批判性思维。你口袋里那台伪装成手机的电脑不仅让你更加焦虑和紧张，它还成了一种外包工具。滑铁卢大学纳撒尼尔・巴尔、戈登・彭尼库克、詹妮弗・A. 斯托尔茨和乔纳森・A.富格尔桑在2015年进行的研究证明，我们正变得越来越依赖科技，以至于它正在取代批判性思维。其长期影响尚无定论，但有一些令人担忧的短期迹象。

研究人员发现，由于越来越依赖智能手机等触手可及的指尖技术，那些被定义为直觉型思考者的人逐渐演变成了懒惰的思考者。相反，如果你是或者想成为一个具有批判性思维的人，你会更有逻辑地分析问题，经常在做出最终决策之前质疑自己或在事后批评自己。也就是说，你不会将你的分析思维完全外包给一种设备或技术。你明白在做出明智的决策之前，需要仔细考虑所有的事实。技术可能会提供帮助，但它不会取代你的思考和决策。滑铁卢大学的研究人员称，高智商的人在解决问题时逻辑性更强，而直觉性较弱。此外，他们运用批判性思维技能，避免过度依赖技术。

滑铁卢大学的研究人员之一纳撒尼尔・巴尔在谈到关于设备和思维的发现时说："数十年的研究表明，人类在解决问题时急于提高效率，而且似乎人们会越来越多地将智能手机作为一种扩展思维来使用。"巴尔和他的同事们认为："人们通常会放弃费力的分析思维，取而代之的是快速而简单的直觉。"这不仅表明我们可能允许移动设备为我们做批判性思考，也意味着如果我们更倾向于依靠直觉和自己的信念做出决策，我们更有可能使用设备而不是自己的脑力。

这种想法有其后果，以2016年美国总统大选为例。在夏季的白宫竞选中，选民们可能在他们的一个或多个不同的数字新闻源中偶然发现以下标题："教皇方济各震惊世界，支持唐纳德·特朗普竞选总统，发表声明。"这是一个相当大的标题，特别是考虑到教皇方济各已经成为有史以来第一位支持某个国家的政治候选人的教皇。这简直令人惊叹。如果你读完整篇文章，会发现他的声明中有这样一句话："我不是以圣父的身份，而是以一个关心世界的公民的身份，请求美国人投票支持唐纳德·特朗普当选美国总统。"超过10万人在Facebook上分享了这个链接，还有数千人通过其他社交媒体发现了它。

但教皇的支持有一个小问题。它从未发生过。这篇文章是：由现已倒闭的讽刺新闻网站WTOE 5发布的，当然，所谓教皇的支持完全是捏造的。曾在WTOE 5工作过的编辑声称他们的材料是虚构的新闻。然而，虚构的新闻是假新闻，假新闻是将我们的批判性思维外包到设备上的一个很好的例子。虽然假新闻和其他形式的宣传在我们有媒体以来就一直存在，但与报纸、传单、广播和电视相比，现代技术的使用加快了其传播速度，扩大了影响范围。我们需要更清楚地了解如何获取、过滤和共享信息。我们的行为会影响他人。如果我们不能成为批判性的思考者，我们可能会无意中（或故意）通过点击一个按钮来影响他人。

在成千上万的人相信并分享教皇支持政选的故事之前，他们有没有考虑过暂停片刻，反思一下教皇支持一位政治候选人是多么不寻常？教皇方济各本人后来宣称："我从来没有说过一句关于竞选活动的话。人民是至高无上的。我只会说：好好研究提案，祈祷，凭良心做出选择。"整个情节让我想起了文学家乔纳森·斯威夫特于1710年发表在《考察报》上中的一段话："谬误漫天飞舞，真理步履蹒跚；所以，当人们醒悟过来时，为时已晚；玩笑已经结束，故事已经产生了影响。”

就连教皇也要求美国公民“好好研究提案”，花时间来分析总统候选人的利弊。但由于人们受到了新闻标题的影响，而且无论他们使用的是什么技术，转发都是如此容易——他们在停下来思考这是不是真的之前就感到有分享的冲动。这是一个很好的例子，说明了我们如何将思维外包给技术，以加快行动。“教皇方济各支持唐纳德·特朗普，”一些人会自说自话，“我最好尽快把这些信息分享给我的社交网络。”你在政治上有什么倾向并不重要，这个例子告诉我们的残酷事实是，我们中的许多人都在以这种方式行事。当我们把批判性思维和决策外包给技术时，我们就会屈服于僵化的思维。

过于忙碌

苏格拉底在广场上进行“驳难”时，他完全依靠口头语言。他不仅拒绝写下他的任何想法，而且对这种行为不信任。苏格拉底相信书籍会“将健忘带入灵魂”。然而讽刺的是，我们对他的思想的认识一直依赖于他人对其的记录，他们的作品一直延续到现代。柏拉图在《斐德鲁斯罗篇》中记录了苏格拉底对书籍的警告：“你并不是发现了一种记忆的灵药，而是用来提醒：你给你的学生提供的是智慧的表象，而不是它的本质。你的记录使他们能够在没有经过适当教育的情况下了解许多东西，他们会认为他们已经知道了很多，而大多数情况下他们将一无所知。”

我们知道，书写，无论是书面的还是电子的，都可以帮助记忆而不是取代记忆。做笔记和反思是创造性思维的一个重要方面，尽管苏格拉底对此表示担忧。我敢说，苏格拉底错了。写作可以帮助解决问题和决策，也是创造力的催化剂。但书面笔记本身并不能做到这一点，我们不能完全依赖于书面或数字存储库的内容。从这个意义上说，我们可以赞同苏格拉底的观点。我们不能过度使用人们和他们的智力。我们不能完全把责任推卸给技术，无论是纸笔、印刷机还是最新的移动设备。即每一项技术进步带来的速度和数量都会对我们对时间和反思的需求产生不利影响，总是存在这样的危险。总是快，很少慢。持续不断的零碎信息会导致苏格拉底担心的健忘和缺乏关注。

以位于加拿大首都渥太华斯帕克斯街的比尔市场或达西麦吉酒吧为例。在工作日的下午5~8点进入任何一家餐厅，迎接你的都是一群加拿大联邦政客、官僚和行政人员，他们中的许多人都“粘”在自己的设备上。我在华盛顿特区的政治社交场所也看到了同样的情景。这些酒吧和餐馆的目的不就是放松身心、拓展人脉和建立人际关系吗？看电影也是如此。在进入主要内容之前，会出现一条冗长的警告，要求你不要使用你的设备。这一警告过去从未存在过。当你经过公交车站或看看地铁上的人们，你会发现一大群人的脸在移动设备的海洋发出的蓝光中闪闪发光。

有多少次在与朋友或家人共进晚餐时，你因回复短信或电子邮件而感到内疚？你有多少次感觉到必须立即做出回应？我参加过无数次会议，经常听到与会者说：“你能重复一下吗？”这通常是因为他们被设备分散了注意力，或者是因为他们想要回应任何即时出现的请求。现在，一家人外出就餐时，每个成员都盯着一个移动设备的情况已经司空见惯（也是令人沮丧的）。下次你在观看儿童足球比赛时，看看赛场旁边，数一数到底有多少家长在看比赛，而不是看他们手中的设备。

如果不承认我欠尼古拉斯·卡尔一个道歉，那么，将这本书继续写下去将是不道德的。当卡尔2010年出版他的著作《浅薄：互联网如何毒化了我们的大脑》时，我强烈反对他在书中的观点。在我2013年出版的《扁平军队》一书中，我写道："他一手粉碎了轻松快捷地获取信息和知识的有用性。卡尔对网络、人以及快速获取信息方式的思考是灾难性的。"

5年后，我意识到我至少有一部分错了。我已经学会并重新审视了我的想法。也许这是我自己开放式思维成熟的一个例子。网络和随时可用的移动设备确实在修补专业人士的大脑——"重新绘制神经回路，重新编程记忆"。获取信息显然是有帮助的，但如果它阻碍了我们的批判性思维，如果它使我们注意力分散，或者更糟糕的是，使我们成为糟糕的决策者，那就没有帮助了。

个人技术的发展和使我们日益忙碌的相关后遗症是否引起了我们的健忘？我想，如果苏格拉底还活着，他一定会生气。至少，人们的压力水平增加了，因为他们不断地被技术淹没，而这些技术会促使人们变得更加忙碌。

美国心理协会提供了一些背景信息。它指出："平均而言，经常检查（设备）的人比那些不经常接触技术的人压力更大。"该协会负责实践研究和政策的副执行董事林恩·布夫卡说："这些人没有考虑到的是，虽然科技在很多方面帮助了我们，但持续与外界联系可能会对他们的身心健康产生负面影响。"

科斯塔丁·库什列夫和伊丽莎白·W.邓恩在2015年进行的一项研

究中发现，当人们被限制查看电子邮件的次数时，他们最终感受到的总体日常压力更低，幸福感更高，注意力更集中，自我感觉工作效率更高，睡眠质量也更好。想象一下，改变这些行为会如何改善你的批判性思维。

不专注的自我

经济学家约翰·梅纳德·凯恩斯在1930年一篇题为“我们后代在经济上的可能前景”的论文中做出了大胆的预测。他声称，在21世纪初，工作日的工作时间将不会超过3小时。凯恩斯认为，对我们所有人来说，过一种悠闲的生活会更有吸引力。因为我们的物质欲望将被技术进步和更高的生活水平所满足，我们将能够腾出时间去悠闲地享受生活。但是，凯恩斯的预测不仅没有实现，反而我们陷入更加忙碌的局面。这种忙碌本身就是由于我们越来越不专注。我们越忙、注意力越分散，我们就越不专注。微软在2015年进行的一项研究表明，在2000年，我们可以集中注意力12秒，现在是8秒，相当于我们集中注意力的能力下降了33%。综上所述，金鱼的注意力持续时间是9秒。正如托马斯·艾略特在1943年的诗《燃烧的诺顿》中所说的那样：

只有一抹微光，

闪摇在一张张紧张的饱经忧患的脸上，

都因为心烦意乱而毫无意义，

神情无所专注而极度冷漠。

乔治城大学教授、作家卡尔·纽波特在创作他的著作《深度工作》时，他决定采访亚当·格兰特。格兰特是宾夕法尼亚大学沃顿商学院的终身教授，此外，他还是两本畅销书《给予和索取》和《离经叛道》的作者，也是《另一种选择》的合著者。当纽波特注意到格兰特的学术论文产量居然如此之高时，他对格兰特的好奇心与日俱增。2012年，格兰特在主要学术期刊上发表了7篇文章，这个数字远远高于普通学者。2013年，除出版了他的第一本《纽约时报》畅销书《给予和索取》外，他还发表了5篇文章。到2014年，格兰特已经写了60篇多次被同行引用的论文，并正在努力写他的第二本书。他当时只有33岁。纽波特想知道格兰特是怎么做到如此多产和成功的。

答案归根结底就是专注。纽波特发现格兰特有能力将“艰苦但重要的智力工作分批地进行长期、不间断的延伸”。换句话说，格兰特不会分散注意力。他保持专注，并进行“深度工作”。从批判性思维的角度来看，纽波特对格兰特的评价是很重要的。如果你想做出可靠的决策，如果你想看穿现状的表象，你必须提高你的注意力持续时间。如果你想从错误中选择对的，并成功地执行你的决策，你将采取必要的步骤，以一种不受干扰的方式运用批判性思维。你将集中精力评估所有的事实和数据，以做出最佳决策。

关于注意力残留——无法保持专注——的概念，纽波特写道：“每隔十分钟左右快速浏览一下你的收件箱似乎是无害的。这种高频检查为你带来了一个新的关注目标。这类悬而未决的开关留下的注意力残留会影响你的表现。如果你不能进行长时间的深度工作，就很难让你的表现达到职业发展所必需的质量和数量的最高水平。”

读完《深度工作》后，我反思了自己的批判性思维。我特别关注了自己写书的习惯。正如我所说的，当我们不断地梦想、决策和行动时，开放式思维就会出现。我所有的书就是这样写出来的。任何作者在撰稿的过程中都必须不断地梦想、决定和行动。就我而言，作为一名专注于非虚构类领导力或管理类主题的作家，在撰写一本书的过程中，我经常进行研究、采访、写作、重写，并就内容和故事顺序做出决策。在自我反省之后，我得出结论，我的前两本书可能对我的写作质量造成了轻微的损害。怎么会这样?

虽然我外出时偶尔会在iPhone或iPad上写作，但我90%的写作都是在笔记本电脑上完成的。我意识到我经常受到一些完全可以避免的干扰。我的注意力经常被我的LinkedIn、Twitter、Facebook和Instagram账户弹出的通知打断。在思考的过程中——当我对一个故事、一个理论或这本书的内容顺序做出决策时——我被一些与我最初的想法、思考或决策无关的事情分散了注意力。至少在一定程度上，我变得注意力不集中。虽然我很少对屏幕上的弹出式浏览器或操作系统通知采取行动，但我意识到它们干扰了我的思路。我可以做得更好。只需关闭所有笔记本电脑通知，我就可以轻松实现改进形式的“深度工作”。不足为奇的是，在《开放式思维》的构思过程中，我感到的写作压力或精神压力远远小于在写《目标效应》或《扁平军队》时的情况。

作家丹尼尔·戈尔曼在他2013年出版的《专注：让你不再分心，成就卓越的力量》一书中解释说，提高执行力可以帮助控制注意力、自律和抵御诱惑。戈尔曼认为：“意志力的核心是将我们的注意力集中在一件事情上而忽略其他事情。”的确，不专注的自我与发展批判性思维的困难之间存在联系。如果你感到压力大、心烦意乱、过于忙碌，你的执行力很可能需要改善。

在亚当・格兰特的案例中，他的执行力得到了提升。他的意志力很强。执行功能由大脑中一个叫作额叶的区域所控制，它分为两个方面：调节和组织。如果你能调节，实际上你就可以评估特定的情况，改变你的行为，并做出相应的反应。你采取积极的措施来切断任何干扰，就像我对笔记本电脑上的通知所做的那样。你额叶的组织侧收集信息，然后将其组合在一起，这样你就可以正确地评估如何处理这些信息。把它想象成你的大脑处理引擎。这是苏格拉底最喜欢的地方。改进的执行功能最终会帮助你集中注意力，同时减少任何潜在的注意力残留或分散。

女帽店的启示

当我问卡琳・鲁伊斯关于批判性思维的问题时，她站在客户的角度思考。她说："我发现来到利普特的人们都向往回到过去的日子，因为那时候的东西都是手工制造的。现在有很多人受到亚马逊、星巴克等的影响，他们的生活变得廉价、邋遢、快捷。"卡琳觉得她的顾客似乎变得忠诚了，因为他们是那种"渴望与利利普特这样的机构建立联系的人，在那里他们可以看到传统的制帽过程"，她指的是她和团队生产一顶帽子所花费的时间。

"制作一顶好帽子需要时间，"她说，"所以我们的创意和决策时间可能比你预期的要长。但是做帽子的时候不能偷工减料。同样，你也不能在我们的流程中走捷径。"用制帽来比喻开放式思维真的开始"成形"了，不是吗？

个体的批判性思维问题

- 在做出决策之前，你有没有尽一切可能确保所有情况都了解清楚了？如果提供其他信息会改变你的想法，你是否愿意重新考虑该决策？
- 你能适应认知失调吗？你有能力考虑两种对立的观点以做出更明智的决策吗？
- 你被科技产品分散注意力的时间有多长？这种分心是否导致你过于忙碌，而不太关注成为开放式思维者的机会？

组织的批判性思维问题

- 批判性思维在你组织的价值观或领导模式中处于什么位置？它还在发挥作用吗？
- 批判性思维如何融入组织的领导力发展计划？这是你入职或新员工入职培训计划的一部分吗？
- 组织是否拥有既协作又有目的的决策模式？高层领导者在指导员工时如何使用这种批判性思维模式？

英雄所见不同

> 事实上，在暴政条件下采取行动要比想象中容易得多。
>
> ——汉娜·阿伦特

有一个话题已经成为许多教育界人士关注的重大问题。这个话题就是批判性思维。我有幸多次出席“学习前沿”年会并在会上发言。“学习前沿”本身是一个总部设在北美的专业协会，“专门致力于教育工作者的专业发展”。其目的是帮助管理人员和员工计划、实施和确保高质量的学习。

2012年，在波士顿举行的“学习前沿”大会期间，我和几位教育工作者共进午餐时，我问了一个与他们在一起时经常问的问题：“是什么阻碍了学生成为更好的学生？”虽然有几种答案，但其中一项却是一致的：批判性思维技能。4年后，会议转到温哥华召开。我又一次向一群陌生人提出了这个问题，我再次发现了对批判性思维必要性的共识。

教育领域和工作世界之间有许多相似之处。如果毕业生继续进入缺乏批判性思维能力的工作领域，将不仅影响他们自己的敬业度和工作效率，还会影响他们所在组织的生产力、创新、增长和客户服务水平。年轻人必须从小接触并练习批判性思维技能。如果不能做到这一点，他们就会从正统教育过渡到职场，快速做出判断并急于采取行动，但缺乏反思和做出明智决策的能力。下一次参加“学习前沿”会议时，我希望教育工作者告诉我，批判性思维不再是一个主要问题。

但教育工作者是专业人士。他们对教育学生负有责任，也对他们工作的组织负有责任。因此，教师能够通过两种独特的方式展示批判性思维：与同事一起工作，以及在课堂上与学生一起工作。正是在这种教师和专业的独特结合中，我将揭示构成批判性思维的一些关键行为。让我们来认识几位专业教育工作者，看看他们是如何展示批判性思维的。

批判性思维阶段的智者

“我会根据观察和反馈来评估和调整我的教学。”这是自2007年以来在不列颠哥伦比亚省维多利亚市圣迈克学院（SMUS）担任三年级教师的艾莉森·加洛韦说的话。“我试着站在学生的立场上，倾听他们的心声，找到满足他们兴趣和热情的吸引人的方式。”

我第一次见到艾莉森是在2011年9月，她是我孩子的一年级老师。我立刻被她的好奇心、她的同情心和她在工作中的协作方式所打动。对艾莉森来说，教学不是个人的行为，它是学生、家长、社区、同学和她的共同责任。她的整体观不仅有助于学生的教育，还通过一些独特的教学策略激发了他们的兴趣和热情。

但真正让我感兴趣的是艾莉森的批判性思维。她是一位乐于尝试新事物的教育家，同时完全不怕犯错误。不易犯错，但不会被错误困扰。批判性思维要求既要有创造性思维，又要有应用性思维。也就是说，如果我们不接受新的思想，或者在犯了错误后拒绝回到批判性思维，那么展示开放式思维的机会就很小。她表示：“接受新思想、尝试新的教学方式是我工作满意度的关键。”事实上，艾莉森的教学风格与她在SMUS担任教育工作者的使命息息相关。

詹姆斯·斯图尔特在多伦多主教斯特拉坎学校工作，自2001年以来一直在那里担任历史教师。詹姆斯以作为一名富有启发性和思想性的故事讲述者而闻名，他也很重视批判性思维中的灵活性。“我的教学框架始终是结构化的，”他说，“但又足够灵活，可以为新出现的想法留出空间。对于一个单元来说，一些最好的想法来自我的学生，所以我收集信息的一部分就是询问他们想学什么。

事实上，詹姆斯从事教学工作时使用了5条批判性思维准则：

- 持续的专业培训；
- 对实践的反思；
- 与同事协作；
- 实践中的灵活性；
- 渴望不断优化教学。

“事情也可以随时改变，这通常取决于技术。”詹姆斯说。如果他的学生需要额外的时间进行研究或对某项技能进行额外的指导，詹姆斯就必须在行动的那一刻提出要求。也就是说，他在不断地评估形势。“这些决策基于我的专业判断，因为我要看看我的课有没有进步。”他说。

教学不是一项孤立的活动，它涉及许多其他方面。每所学校都是由各种专业人士组成的组织。“在教学中，”詹姆斯说，“做出这类决策之前都会与我的同事们讨论，看看我们意见是否一致，或者征求他们的意见。老师们在每节课上观察课堂情况时，会发现许多细小但重要的值得感叹的地方。这是区分专业教师和新手的一个要素——注意正在发生的事情的能力。”通过不断观察学生的情况——分析什么是有效的、什么是无效的，并与其他教师协作解决由此产生的问题——詹姆斯正在评估如何在他的教师角色中产生尽可能大的影响。他经常使用一个评估循环，使每一节课都变得更好。反过来，这也使他成为一名卓有成就和受人钦佩的专业人士。

艾莉森希望她的批判性思维哲学能用于学生的长期发展。“我喜欢从长远考虑。我想看看我今天的行为将如何影响未来的事件，以及它们将如何影响我的学生。具体来说，在规划课程时，我会设法使学习与学生的生活相关，并找到与他们先前知识和未来需求相联系的方法。”

她的教学方法和保持灵活性在一定程度上是因为她对雷吉奥·埃米利亚的教学方法充满热情。受“二战”后心理学家洛利斯·马拉古兹的启发，这种教育方法提出，学习应该建立在责任、探索、发现和尊重的价值观基础上，通过学生的兴趣和热情自我引导课程的学习。为了在课堂上实现这一点，艾莉森不仅要勤于批判性思维，她还必须始终如一地展示开放式思维。

艾莉森是一个典型的开放式思维者的榜样。她经常思考某个想法，然后拆解相关的步骤和技能，与学生一起在课堂上完成任务。从那时起，她就把它付诸行动。然而，艾莉森仍然可以灵活地回到批判性思维，甚至创造性思维，以做出进一步的改进。"我画了一张思维导图，把理念、主题领域和内容串联起来。随着部门的发展，我会追踪学生的参与度和所需技能方面的成就。如果我觉得有什么不对劲，我会尝试一种新的方式来教授一个主题，或者花额外的时间重新教授一个概念。我相信自己的直觉，会从学生那里获取持续的反馈。"艾莉森得出的结论是，教学首先是倾听，然后做出正确的决策。通过坐下来、观察和关注学生，她最有可能成为一名能更有效地帮助她的年轻学生成长的老师。

虽然每个教师都有自己要教授的课程——就像在任何组织中，任何角色都有其特定的职责一样——詹姆斯一直密切关注当今不断变化的世界中的时事，并及时做出调整，以改善他目前的教学内容。例如，2017年唐纳德·特朗普总统在发表就职演说时，詹姆斯花了更多的时间回顾亚伯拉罕·林肯总统的第二次就职演说，并在课堂上使用了他的原话，而不是他最初计划要说的话。他说："如果我能把任何历史内容与时事联系起来，就能让这个话题有更多的时间成为焦点。"但采取这样的措施需要专业人士的持续关注。

詹姆斯又举了一个例子。"2017年是第一次世界大战维米岭战役100周年纪念日，战斗地点在法国阿拉斯附近，所以我的课堂上会更加关注它。"詹姆斯认为，任何有关于历史事件的新闻都可以在他的教学中发挥作用，因此他一直处于信息收集和事实查找的状态中。“我读了一本很棒的回忆录《奥吉·梅拉斯提的教育》（*The Education of Augie Merasty*），”他说，“我觉得我们应该教这本书。”这本书详细描述了约瑟夫·奥古斯特·梅拉斯提的人生历程，他是加拿大约15万名原住民、因纽特人和梅蒂斯人儿童中的一员，他们被从家人身边带走，送到政府资助的教会开办的寄宿学校。詹姆斯证实：“我提请我的同事注意这本书，我们今年将在课堂上讲授这本书。”这是展示批判性思维如何要求我们保持警觉、以事实为基础、收集信息，并随时准备根据情况做出合理决策的又一个例子。

艾莉森和詹姆斯运用批判性思维的方式让我想起了投资家沃伦·巴菲特曾经说过的话：“清单不能代替思考。”可以肯定的是，批判性思维不是一份清单。它是一种通过积极主动、灵活、参与、关注他人和实事求是地得出对结果产生积极影响的结论的能力。就像艾莉森和詹姆斯一样。

批判性思维的要素

根据美国哲学协会的说法，批判性思维是“有目的的、自我调节的判断过程”。哥伦比亚大学的爱德华·格拉泽教授在1941年进行的一项研究通过三个特征定义了批判性思维：（1）倾向于以深思熟虑的方式考虑自己经验范围内的问题和主题的态度；（2）对逻辑推理和推理方法的了解；（3）应用这些方法的一些技能。滑铁卢大学将其定义为能够“通过分解问题来研究问题，并有意识地评估它，同时提供论据/证据来支持评估”。许多学者和协会给批判性思维下了很多定义。

但是，如果说曾经有一项研究彻底调查了批判性思维的关键行为，那就是德尔菲报告。该研究由美国哲学协会于1987年委托，目的是对批判性思维的状况进行系统的调查，以便将其结果用于改进美国的小学、中学和大学课程。这项研究的结论发表于1990年，由时任圣克拉拉大学艺术与科学学院院长的彼得·A.法西奥尼博士领导。他们的研究表明，理想的批判性思考者尤其具有以下特征，如一贯地好奇、见多识广、相信理性、思想开放、灵活、诚实地面对个人偏见、审慎决策、愿意重新考虑、勤于寻找相关信息、合理选择标准、注重探索，并执着地追求结果。可悲的是，四分之一个世纪过去了，很难确认德尔福报告是否起到了任何作用。

现在，我们比以往任何时候都更应该关注批判性思维的重要性，因为我们生活在社会不确定性的浪潮中。例如，麦肯锡公司2010年的一项研究发现，72%的高级管理人员认为糟糕的决策与良好的决策出现得一样频繁。如果社会和组织的复杂性继续增长，这对我们任何人来说都不是好兆头。

我们知道，开放式思维包括3个关键要素：创造性思维、批判性思维和应用性思维。其中，批判性思维可以说是其中最重要的要素。这是我们汇聚思想、事实和知识，以确定前进道路的地方。总而言之，我们用简单的术语定义了批判性思维：对想法和事实进行透彻的分析，以做出合乎道德的、及时的决策。

没有批判性思维，我们最终会做出无效的决策，或者根本不做决策。健全的批判性思维是确保像艾莉森和詹姆斯这样的教育工作者在其职业中表现出色的因素之一。

《作战指挥》

当一个人或一个群体拥有做某事的逻辑或理论，而另一个人或群体没有，就会阻止开放式思维的实现。如果在批判性思维中遭遇根深蒂固的意识形态分歧，我们就不可能实现在创造性思维中孵化的梦想和想法。

早在马丁·路德·金之前，社会学家、作家和活动家杜波伊斯就为非洲裔美国人的平等而战，反对白人血统优越的观念。杜波伊斯关于种族歧视的思想和多部著作基于事实的研究、与他人的合作，以及他对重新审视决策的接受——在他写作期间，也就是20世纪的头几十年，受到了许多人的批评。

例如，杜波伊斯认为，在1860年至1880年的美国重建时期，不同的教育水平和机会促进了种族不平等。当时，他的想法被许多人忽视，甚至嘲笑。到了20世纪六七十年代，大多数主流历史学家和学者都接受了他的结论。这让人想知道，如果不是因为当时有影响力的美国领导人根深蒂固的政治偏见，今天的美国会是什么样子。如果美国领导人听取了杜波伊斯关于种族不平等和种族歧视的意见，那么整个美国社会的和谐程度会达到什么程度？正是这种根深蒂固的思维方式影响了开放式思维，抑制了批判性思维。

在第三章中，我介绍了关于法国和德国军队的马奇诺防线的故事。再说一次，虽然我不希望被认为是纳粹政权的同情者或对其所做所为感到舒适，但从它在整个德国军队中对批判性思维的历史应用中，我们可以学到一些东西。就像杜波伊斯的例子一样，当我们进一步定义构成健全和合理的批判性思维的属性时，我们有责任保持开放。

1933年，德国人引入了一个被称为“作战指挥”的概念，相当于20世纪的《孙子兵法》。《作战指挥》是一本发给所有德军士兵的手册。它由智力工具和方法组成，供士兵在瞬息万变的战争条件下使用。当然，当时第二次世界大战还没有爆发，但德国侵略别国的阴谋正在如火如荼地进行。《作战指挥》不是一本分步操作的指导手册，与其说它是一本战术手册，不如说是一本哲学和心理学图书。事后看来，《作战指挥》有效地揭示了德国军队的社会价值观，以及它是如何处理某些战况的。它甚至包含了引发“闪电战”的理论框架，“闪电战”是对付马奇诺防线的方法。

《作战指挥》包含了德国军队期望其士兵做出的几种与批判性思维有关的行为，以下片段说明了这一点。

- 使命和形势是行动的基础。使命指定了要达到的目标。领导者永远不能忘记自己的使命。战争的第一要求是果断行动。每个人，从最高指挥官到最初级的士兵，都必须意识到，不作为和疏忽比选择手段的错误将更严重地危及自身。

- 根据使命和形势做出决策。如果使命不再足以作为行为的基本原则，或者它因情况而改变，则决策必须考虑到这些因素。改变使命或不执行既定使命的人必须立即报告自己的行为，并对其后果承担一切责任。他必须时刻牢记大局。

- 情况模糊不清是常态。很少有人能准确掌握敌人的确切信息。然而，在紧张的情况下等待信息不是强大领导的表现，而是软弱的表现。

- 在没有非常充分理由的情况下，一旦做出决策就不应放弃。但是，在战争的变迁中，僵化地维持原来的决策可能导致重大错误。及时认识到需要做出新决策的条件和时机，是领导艺术的一种属性。长官必须允许他的下属在不危及整个计划的范围内行动自由。
- 在做出每项决策之前，都要对形势进行评估。

从《作战指挥》的投入使用到诺曼底登陆，德国军队在领土上的推进是毋庸置疑的。很可怕，但毋庸置疑。1936年3月7日，希特勒违反了《凡尔赛条约》，决定入侵莱茵兰非军事区，开始征服欧洲。到1938年，德国越过了奥地利的边界，后来又越过了捷克斯洛伐克、波兰、丹麦、挪威、比利时，最终越过了法国的边界。最终，《作战指挥》成为实施希特勒长期计划的批判性思维哲学。它使德国士兵成为批判性的思想家。

在长达6年的时间里，德国军队几乎势不可当。为什么？怎么做到的？可以说，这本手册帮助创建了开放式思维框架。这本手册告诉士兵，批判性思维适用于每个人，而不是少数人。此外，它还表明，士兵的决策应该是基于事实的、协作的、及时的，但也是灵活的。德国的成功在一定程度上可以归因于一种哲学，即在适时决策的同时促进适应性。批判性思维在德国军队中无处不在，而不仅限于最高指挥官。

德国的初步成功，以及批判性思维与《作战指挥》的关系，可以用手册中的这一句话来概括："战场上的瞬息万变需要能够独立思考和快速行动的士兵，需要能够精打细算、果断大胆地运用每一种情况的士兵，需要明白胜利取决于每个人的人。"

在完成其首要使命后，德国是如何最终在第二次世界大战中失败的？希特勒政权及其野心的失败有无数的原因，但有一个原因与《作战指挥》有关——希特勒和他的高级领导人放弃了它。希特勒没有继续信任军队并允许现场和即时决策的灵活性，而是忽视了是什么给德国带来了之前的胜利。他完全无视其批判性思维哲学。

无论是1941年12月的莫斯科战役，还是1944年12月的坦克大决战，希特勒都接管了整个德国军队的批判性思维。他成了唯一的决策者。希特勒不仅拒绝听取从实地传来的事实，而且成了一个糟糕的协作者，做出了不合时宜的决策，而且对自己的判断非常执着。由于完全忽视了《作战指挥》，忽视了基于战场实际情况的批判性思维的使用，希特勒最终失败了。

显然，随着第三帝国的垮台，世界变得更好了。但是，抛弃《作战指挥》，把批判性思维集中到一个人身上，仍然是一个教训，告诉我们不应该这样做。

在本章的剩余部分，我们将研究构成批判性思维的5个行为属性，它们是：

- 破译；
- 协作；
- 时间；
- 决策；
- 灵活性。

破译

艾伦·迪瓦恩是加拿大电信公司TELUS的首席梦想官，他帮助我们着手研究构成良好批判性思维的5个关键属性中的第一个：破译。艾伦在被为“技术战略”的业务部门工作，他的职责是找到创造性的方法，利用现有技术解决未来的问题。他感兴趣的领域之一是数字医疗。走进艾伦为公司建造的技术先进的创新中心，你很快就会明白他的目的。你刚刚经过的进入中心的那扇门已经评估了你的心率。你什么都还没碰呢。

现在，你发现自己在一个厨房里，不同的是，它被设置成假设你患有某种危重疾病的场景，也许是阿尔茨海默氏症或骨关节炎。通过综合运用生物识别、人工智能和其他通信技术，感应灯会提醒你餐具的位置。还有音频提示——机械臂随时准备在一天中的适当时间管理和分发药物。艾伦认为，对于今天迅速老龄化的人口来说，这是一个必要的场景。

你可能会认为，获得“首席梦想官”的头衔需要很多梦想，需要大量的创造性思维。是的，艾伦确实沉迷于这些活动，但并不以牺牲批判性思维为代价。他说：“我的首要目标是从过去吸取教训，利用今天的信息，并将其应用于我预见到的新趋势。”艾伦提醒我们，如果我们想要改善明天的世界，我们必须不断地运用批判性思维来破译事实和信息。”

“信息，信息，信息！”艾伦一再强调，他指的是不断解构他的发现的重要性。“我每天至少有20%的时间都在尽可能广泛地阅读。我还花了20%的时间学习新的工具及它们的设计用途。对于我感兴趣的项目，我会再花40%的时间来弄清楚它们实际上能做什么、它们的局限性，以及它们可能会对我未来的思考和项目产生怎样的影响。剩下的20%用于倾听和观察人们，试图了解他们的需求和问题。”

艾伦给我们上了一堂重要的批判性思维课。数据无处不在。必须花时间和精力从真相中破译谎言，从事实中辨别好坏，甄别错误的信息。我们有责任不断筛选各种形式的数据和信息——分析哪些是可信的和有用的——以做出更好的决策并展示开放式思维。

这与戴恩·欣奇克利夫在我们的采访中提出的观点相同。戴恩·欣奇克利夫是在线社区解决方案提供商7 Summits的首席战略官，也是一名在企业信息技术领域拥有20多年经验的资深人士。他是几本书的作者，也是下一代技术的专家。戴恩曾观察到:“如今要想成为一名有效的思想家和战略家，你必须全身心地投入。”他认为，高科技行业每两到三年就会发生变化，每个人，无论身处哪个行业，都有责任不断扩展现有的知识，提供更多的信息和想法。“我一年四季每天都在记笔记，”他说，“花时间去收集信息。”正是这种对信息的不懈追求为迪翁和他的批判性思维提供了动力。

“如果从工作的实践角度来看，我已经变得更具有适应能力了，因为我在不断挑战我自己的假设，”他继续说道，“数据和信息很多，但大部分是错误的。我们的职责是继续扩大数据，并确保其正确性。如果我们想要成功，就需要建立一个开放式的假设模型。”

提高你的破译能力最简单的方法之一，就是学会谷歌的高级搜索操作。我们的很多数据和信息都来自网络，世界上最受欢迎的搜索引擎对你的批判性思维能力既有帮助，也有阻碍。如果你依赖于简单的关键词搜索和首页搜索结果，你可能会得到半真半假的结果。但是如果你使用搜索操作符，你可能会挖掘出更好的信息。例如，如果你在网站地址前加上术语“cache：”，你将看到谷歌的网站缓存版本，从而可以获得原始版本的信息或数据。此外，如果你在单词或短语前添加*符号，你可能会更快地找到答案，并且引文更多。还有更多的谷歌搜索操作技巧可以考虑，例如，我曾使用Internet存档案馆的“反向访问器”作为工具来测试很久以前在网上写的东西。

艾伦和戴恩做了大量的阅读来帮助他们进行批判性思考。谷歌图书是另一项你可能想用来核实事实的谷歌服务。谷歌图书扫描了超过3000万本书，其中包含大量的文字，可以验证你的假设。

WorldCat是世界上最大的图书馆内容和服务网络，是另一个宝贵的在线资源。正如它的使命所述：“WorldCat图书馆致力于在网上提供对其资源的访问，大多数人都是从网上开始搜索信息的。”这项服务使你能够搜索来自世界各地的各种图书馆的藏书，你可以使用搜索结果来推动你的信息搜索，或者用它来论证你现有的证据。

然而，最重要的策略是在寻求证据的同时继续提问。不要因为懒惰而去相信这些信息，也不要只在与实际事实背道而驰的同质数字生态系统中运作。更努力地寻找真相。正如教皇方济各在2018年世界通信日（World Communications Day）的致辞中所说的：“因此，在与其他信息来源缺乏健康对抗的情况下，虚假信息会蓬勃发展，这些信息来源可能会有效地挑战偏见，产生建设性的对话。”例如，花点时间看看下面的中文字符：

危機
危机

如果你相信约翰·F.肯尼迪总统和其他美国政界人士的话，比如前副总统阿尔·戈尔和前国务卿康多莉扎·赖斯，你就会被误导，认为这个符号在普通话中代表着“危机”这个词。这三位政治家将这个表意符号定义为既意味着危险又意味着机会。戈尔甚至在2007年诺贝尔和平奖获奖感言中使用了这个词。

就像本书开篇提到的那首弗罗斯特的诗一样，我们在这里面临着另一个误解和误读的例子。上面这个表意符号并不意味着危险和机会。来自三届美国政府的三名不同的高级官员都使用了错误的翻译，数百万人被它愚弄了。就像普通话中的所有词语一样，汉字和音节也很重要。普通话中表示危机的词由两个音节组成，其中包含两个独立的书写字符，wēi（危）和jī（機/机），如上图所示。

除非你做了功课，并质疑上述政府官员言论的正确性，否则你永远不会知道wēijī中的wēi音节实际上传达了危险的概念。然而，这个词的第二个组成部分jī更多的是指某事开始发生变化的临界点。因此，中文词语和符号wēijī描述了一种危险和潜在的危险情况，人们应该特别警惕。它不能同时反映危险和机会。

批判性思维要求你不断提出如下问题：

- 这一说法属实吗?
- 第二个甚至第三个信息来源能支持这一观点吗?
- 证明信息真实性的研究或引证在哪里?
- 做出明智的决策还需要哪些数据或事实?
- 这是不是太容易证明了?我有没有掩盖某些信息?
- 我以多快的速度做出了最终决策?
- 我还可以与谁合作研究这些信息?我能信任他们吗?

在下一节中，我们将更详细地讨论协作的概念。

协作

创客空间是一个与协作和信任密切相关的想法，而这正是批判性思维的关键属性。根据《创客空间手册》的说法，创客空间“是工具、项目、导师和专业知识的聚集点”，它们有各种形状和大小。医院、图书馆、博物馆、教堂、车库和社区中心都可以设立创客空间。创客空间的目标是提供一个物理空间，让人们聚在一起探索创意和潜在的创新。他们利用空间的限制，以及工具和技术的可用性来探索、测试、设想、构思、构建、失败，然后构建更多的东西。

我亲眼见证了创客空间在小学和成人中的应用。在学校，可以使用的工具和技术包括乐高积木、Keva积木、电路、3D打印机、电脑、吸管、胶水、电线和灯等。在成人级别，设备和硬件稍微先进一些，包括钻头、车床、焊枪等。

但创客空间之美不在于工具或技术，而在于各个年龄段的人之间令人印象深刻的互动。这在学生之间的互动方式、教师之间相互指导和相互支持的方式上都是显而易见的。在创客空间，批判性思维和创造性思维相结合，问题的解决和决策建立在相互信任、平等和协作的基础上。

2015年，新媒体联盟的《地平线报告》指出："创客空间越来越多地被视为一种让学习者通过动手设计、构建和迭代来参与创造性的、更高层次的问题解决的方法。"迈阿密大学的约翰·伯克建议："制作什么可能根本不重要，重要的是它可以影响一个学习者的思维过程、视野和连接能力。这些能力可以提高一个人在许多不同领域的思维能力和工作能力。"

我们之前提到过的小学老师艾莉森·加洛韦是创客空间的忠实"粉丝"。她还欣赏另一种与她的学生协作和信任的机制，称为"天才时刻"。这是一个提供给她的学生的时间，让他们可以追随自己的激情，了解真正让他们感兴趣的话题或观点。在这种情况下，信任和协作是在学生和教师之间进行的。当每个学生都自主地进行学习，艾莉森作为一个值得信赖的资源，在必要时倾听并与学生合作，并帮助解决问题和整理信息。通常，学生们分散在学校各处做饭、制作迷你机器人、拍摄电影、缝纫或编程，但正是艾莉森和她的学生之间的信任和协作，才使他们的批判性思维得以形成。

无论是通过创客空间还是"天才时刻"，艾莉森和其他教育家都可能有所发现。西伊利诺伊大学的学者在1995年进行的一项研究表明，更具协作性和可信度的学习方式会培养出具有更高批判性思维水平的毕业生。这正是斯托克西所知道的，正如我们在第三章中指出的那样，照片和视频平台合作社已经精心打造了一种协作文化。自我意识在工作中受到检验，信任和尊重是完成工作的基础。反馈的整合比简单的正确更为重要。

批判性思维不是一种“我们对他们”的思维模式。创客空间或“天才时刻”课程的参与者，或者斯托克西的员工，并不觉得自己高人一等。这里没有竞争，也没有疏远。它不会让人回想起征服者角逐的中世纪时代。在这些情况下，学生和成年人都是通过各自的批判性思维过程相互信任和协作的。本质上，他们是在相互协作，以确保他们的最终决策是合理的。他们共同努力，在这个过程中，他们向前迈进。事实上，它们是现代的宙斯塔和驳难。

协作性确保我们打破僵化思维的束缚，帮助我们做出公正的判断。以信任的方式与他人协作——利用他人的观点和想法形成新的观点和想法——无疑将有助于我们成为开放式思维者。或许可以把协作看作一系列的对话，在对话中我们彼此“交流”。正如“对话”（Conversation）这个词的词源告诉我们的，“对话”的意思是“转向”（Versare）和“反对”（Con）。

协作就是进行一系列的对话。转向。这些对话需要时间，这是我们批判性思维的下一个主题。

时间

1861年，亚伯拉罕·林肯总统在他的第一次就职演说中说道：

任何没有价值的东西都会随着时间的流逝而消失。如果有一个目标让你们任何一个人慌忙迈出了冲动的一步，那么这个目标将会随着时间流逝而无法抵达，任何不好的目标都会受挫。

时间在批判性思维中起着重要作用。等太久再做决定，你就有可能表现出漠不关心或优柔寡断的思维方式。仓促地做出判断，你最终会表现出僵化的思维方式。拖延太久和行动太匆忙之间只有一线之隔，但两者都会极大地影响预期的结果。

我们可能认为我们有很多时间可以支配，但过多的信息、人员、行动和干扰最终会对批判性思维产生不利影响。你的电子邮件收件箱不会突然清空，短信不会在你的手机上神奇地消失，也不会停止发送。会议通知将继续发送。人们会继续询问你的意见和时间。任务仍然会分配给你，要完成这些任务就必须安排你的时间。报告要写也要读。生活就是无休止地侵占你的时间。除非你是一个独立的"承包商"，精通减少干扰和相关的时间侵犯行为，否则，时间会是批判性思维的一个重要障碍，需要仔细分析。

许多这样的时间侵犯行为在继续扩大化。例如，贝恩咨询公司进行的研究发现："一个组织15%的集体时间花在了会议上，这个数字自2008年以来一直在稳步增长。"此外，该公司还发现，领导者现在每年收到的外部通信超过3万份，而在20世纪70年代，这一数字为1000份。市场调查公司拉迪卡蒂集团的年度电子邮件统计报告提醒我们，电子邮件每年以近5%的速度增长，这个数字发人深省。根据该组织2017年的报告，到2021年，人们每天将发送3200亿封电子邮件。大众汽车、戴姆勒和德国电信等公司随后实施了组织范围的政策，对下班后的电子邮件进行了限制。但这足以帮助批判性思维吗?

关于工作被打断的相关话题，根据加州大学欧文分校2008年的一项研究，员工在被打断前平均工作11分钟，他们要额外的23分钟才能恢复到以前的生产率水平。

但是，正如我们之前所述，时间侵犯行为并不完全是别人的错。我们和那些侵犯我们时间和设备的人一样，应该为时间使用不善负责。反过来，这会影响我们的批判性思维能力。2013年，伦敦商学院的朱利安·伯肯肖和慧俪轻体[①]的组织效率、学习与人才发展部门负责人乔丹·科恩研究了知识型员工的生产效率。他们发现，人们将超过41%的时间浪费在那些对他们完成工作没有什么帮助的任务上。高科技公司Atlassian[②]在2014年发现，人们每小时查看电子邮件36次，每月参加62次会议。遗憾的是，我们认为我们参加的所有会议中有一半完全是在浪费时间。重要的是，当我们的时间被卷入如此多不同的管理不善的漩涡时，我们进行批判性思维的能力必然会受到损害。

在批判性思维中更有效地管理时间的诀窍与反思和行动都息息相关。不花时间反思和行动，你就会表现出冷漠的思维。思考太久，你就会表现出优柔寡断的思维。仓促采取行动，你就会表现出僵化的思维方式。

知道要花多少时间收集然后破译信息和数据是至关重要的。我们还应该意识到，在批判性思维阶段需要多少人参与。重要的是，当我们需要他人参与特定情况时，要确定可能需要占用他们多少时间。如

① 慧俪轻体是美国一家全球领先的健康减重咨询机构。

② Atlassian是一家澳大利亚的企业软件公司，设计发布针对软件开发工程师和项目经理的企业软件。

果你做不到这一点，就意味着你是时间侵犯的帮凶。

无论如何，如果我们在反思或行动阶段花费太多时间，我们最终会陷入困境，开放式思维将成为遥不可及的目的地。如果我们永无休止地分析一种情况，我们就不会做出任何决定，结果我们就成了守株待兔的人，我们将遭受“思维瘫痪”之苦。当然，另一面与行动有关。我们不能草率地做出判断，这会对我们迄今为止所分析或构建的东西产生负面影响。事实上，反思和行动的这对双胞胎可能会给批判性思维带来相当大的问题。

有很多方法可以解决困扰批判性思维的各种与时间相关的问题。我发现了如下4种方法来缓解这些担忧。

- 时间缓冲：为了避免过度投入——也为了避免任何不处理就必然会出现的干扰或分心的可能性——在你的日程表中为反思和行动安排更多的时间。这是最简单的策略。这也是我遇到的成功的开放式思维者最常见的习惯。例如，为什么不安排（或只接受）45分钟的会议，而不是60分钟的会议，这样就可以在宝贵的额外15分钟内进行反思和/或采取行动呢？在一天的开始和结束时，也要留出30分钟的缓冲时间，用来反思和采取行动。

- 情景能力：设计一个方案，根据反思和行动的程度来指定具体情景。例如，一方面，一个四星级系统可能意味着，在采取行动之前，需要对一星级问题进行更多的思考；另一方面，“四星级”意味着必须立即采取行动，无须太多反思。无论你的机制是什么，情境能力都是你针对任何给定的困境进行自我分析、做出适当程度的反思和行动的手段。它是主动的，而不是被动的。

- 外包：如果你能把日常生活中的琐事外包出去，你就能腾出时间来更好地反思和采取行动。例如，辉瑞制药公司为员工开发了一个内部程序。它让人们有机会卸下各种非核心任务——包括编写报告、创建PowerPoint文件、统计分析和发布——以腾出时间。该公司称，这样每年可以节省几个月的时间，让员工有机会完成其他重要的活动，而不是琐碎的事情。

- 现实主义：批判性思维经常被当作“吃不完的自助餐”。我们把尽可能多的食物堆放在盘子里，就因为它唾手可得。然而，我们必须实事求是地反思和行动。时间是很宝贵的。我们不能被花哨的报告和数据所动摇。我们必须知道健康饮食和暴食之间的区别。此外，由于“仅仅因为”而完成某件事也不是目标。快餐既不用心，也不营养。现实主义必须与良好的判断力保持一致。现实主义的基础是知道如何区分什么时候反思，什么时候采取行动。这与不是因为味道好就堆积无用的卡路里，不是因为更方便就吃快餐是一个道理。要知道什么时候说“不”。

决策

一旦你收集并破译了所有的事实和信息，与合适的人合作，并花了必要的时间（或多或少）来思考情况，那么你就需要做出决策。如果你有良好的批判性思维能力，那么这个决策应该是你能采取的最简单的策略。丹尼尔·列维廷谈到了一种独特的决策后技术，他称之为“满意性准则”。这个术语是由社会科学家赫伯特·A.西蒙发明的，用来描述决策者在做决策时，应选择满足最低要求而不是最优的解决方案。满意性准则的目的是帮助你无缝地进入开放式思维的下一个阶段——应用性思维。作为一个额外的好处，它还可以防止优柔寡断的思维出现。

丹尼尔说："当事情足够好时，我们不重新审视每一个小决策，从而节省时间和精力，满意性就会出现。"在某些情况下，他认为我们需要放下过去，继续前进。我们做出的决策可能不尽如人意，但它可能已经足够好了。他提醒我们，没有一个决策是百分之百理想的，也不可能完全不出错。然而，通过消除完美主义的决策者角色，最终可以节省精力。"在我的城市里，可能没有最好的干洗店，"他补充说，"但它已经足够好了，我不想把时间花在彻底的研究上，这可能会占用我可以用在其他方面更有成效的时间。

在一定程度上，丹尼尔是从伯克希尔-哈撒韦公司的著名投资家兼CEO沃伦·巴菲特那里学到的。几十年来，巴菲特一直住在一座不起眼的房子里。如果过去行之有效的东西不需要改变，那么就不需要做出其他的决策。"我住的房子并不完美，也不能满足我所有的需求，"丹尼尔在提到巴菲特后继续说道，"但它很实用，而且找一个新的地方住是非常耗时的。"他用以下几句话结束了他的观点："我认识一些非常富有的人，他们仍然开着老款汽车，不是因为他们是小气鬼，而是因为没有足够的理由花时间更换它们。"丹尼尔说得很有道理。如果你相信自己的反思考和行动能力，只要决策是基于事实的，就不需要花太多时间纠结于它。

当谈到更有效的决策时，"满意性准则"是令人信服的——消除潜在的完美主义倾向。另一种可以采用的策略也来自沃伦·巴菲特，它被称为"能力圈"。管理专家彼得·德鲁克曾写道："做决策是在组织的每个层面上进行的，从个人专业贡献者和一线主管开始。做出正确的决策在各个层面都是一项至关重要的技能。”德鲁克是对的。决策力和批判性思维适用于所有人，而不是少数人，这就是为什么说能力圈是每个人都应该考虑的东西。

1996年，巴菲特在致伯克希尔·哈撒韦公司股东的年度信函中首次提到“能力圈”，它偶尔被巴菲特用来提醒投资者应专注于自己的专业领域。但就其最简单的形式而言，能力圈实际上是一个方便的决策工具。它已经被一些从业者使用过，如渥太华一家致力于帮助人们做出更好决策的公司的沙恩·帕里什。

巴菲特理论的核心是你在做投资决策时应该注意的两个诀窍。巴菲特声称，优秀的投资者在采取行动之前，需要了解自己的能力圈。他们需要知道自己是处于自主的能力圈中还是圈外。我认为巴菲特模型的要点如下：

1．你身处你的能力圈内（你知道这一点）。

2．你身处你的能力圈之外（你知道这一点）。

3．你身处你的能力圈之外（你不知道自己在哪里）。

根据我们在第三章中讨论的批判性思维属性，很明显， 上述3个场景中最好的是第一个。当你是相关领域的专家时，决策即使不是直截了当，也应该感觉无懈可击。这是你开放式思维“最佳点”的开场白。这是你被录用的原因，是你的专业知识、技能、才华和决策能力。这并不意味着你要孤军作战或迅速下结论。身处能力圈内是你敏锐和熟练的结果，但这并不意味着你应该避免收集、破译、协作或充分使用你的时间。这仅仅意味着你很熟练，事情可能会进行得更顺利。

但是，当你身处你的能力圈之外时（你知道这一点），你如何决策就变得更加关键了。在这一点上，你要确保你已经正确地收集和破译了信息，并与合适的人协作，以帮助你发表意见，同时明智地使用你的时间自己做出决策。当然，关键是要积极主动，认识到自己所处的决策环境超出了你的能力圈。如果是这样的话，你越快进入批判性思维的收集、破译、协作和时间管理阶段，你的决策就会越成功。如果你身处自己的能力圈之外，并且幸运地没有意识到这种困境，你可能会对最终结果有所怀疑。

重大活动负责人多米尼克·里德坚持认为个人经验的积累是无价的。他还表示，每个团队成员都有平等的机会来掌握这些经验和知识。在他看来，拥有并使用一个由能力很强的人组成的团队可以减少你身处能力圈之外的时间。“拥有一个专家团队，知道在你没有答案时该向谁求助，这会让你更像一个专家，”他说，“专家的问题在于，他们能比你更早地发现问题。”多米尼克表示，作为这些活动的负责人，许多决策可能是他的责任，但往往超出了自己的能力圈。“我了解到，”他继续说，“当我的团队中有专业人士时，我会感到更自在，从而增强了我的决策信心。我过去喜欢和知道自己在做什么的人在一起，现在我更喜欢这样。这不仅让我的工作更轻松，也让我更有成就感。”

多米尼克表现出智慧的谦逊，他充分意识到在做某件事时是处在自己的能力圈之内还是之外。他知道何时让他人参与，以及在多大程度上做出最有效的决策。多米尼克的批判性思维谦逊有助于说明他堪称典范的开放式思维。

灵活性

展示灵活性会增加你批判性思维的成功机会。这是我们讨论的五个批判性思维属性中的第五个。

如果我们在应用性思维开始后不去修改我们的决策，或者在我们收集和破译信息时不重新审视创造性思维，我们最终会掉入僵化和冷漠思维的陷阱。这似乎与丹尼尔·列维廷关于满意性准则的观点背道而驰，但灵活性与决策效率无关。

灵活性很重要。有些决策终将以错误告终。环境发生变化，突然出现意外情况。事实上，变化是可以预料的。但是，固执己见并不是开放式思维的对立面。另外，如果你想保持完整和一致的批判性思维，灵活性应该被认为是一个重要的属性。我认为，要说明批判性思维中灵活性的重要性，最好的办法就是介绍一个急诊室的故事。

詹姆斯·佩里是桑尼布鲁克健康科学中心神经学主任、多伦多大学医学教授、奥德特癌症中心和赫维茨脑科学项目的神经肿瘤学家。他也是加拿大脑肿瘤联盟的主席，这是一个由40多名脑肿瘤专家和研究人员组成的全国性非营利性研究网络，治疗患有脑肿瘤的儿童和成人患者。詹姆斯对临床试验的设计、实施和分析很感兴趣，在临床试验中，他专注于测试原发性脑肿瘤的创新疗法。

可以说，詹姆斯是一个受过教育的人，但他也是一个开放的思想家。他不断地展示创造性、批判性和应用性思维，无论是进行临床试验还是与同事讨论攻克脑肿瘤的方法。这是他在急诊室与我分享的一个例子，表明了他对批判性思维灵活性的倾向。

詹姆斯说：“治疗急性中风最关键的是发生中风和给病人服用救命药物之间的时间。多年来，给药的标准时间一直是3小时。如果患者在3小时内接受组织纤溶酶原激活剂（TPA）药物治疗，就有可能挽救生命。”作为一个喜欢寻根探源的科学家，詹姆斯开始提出问题，并重新思考为什么标准时间是3个小时。在大量的数据和研究中，隐藏着一个令人震惊的证据。在3个小时内接受TPA治疗的效果很好，但在2小时内的效果要好得多，在更大程度上，在1小时内的效果更好。如果TPA早于3小时实施，则可以挽救更多的生命或大幅度减少副作用。詹姆斯愿意重新审视医疗保健规范。他用他的批判性思维充分展示了灵活性。

3小时的标准已经存在多年了，没有人反驳它，在整个全球医疗行业中，没有人对此提出过质疑。詹姆斯补充道：“根据地区急诊室系统，我们发现，参与这一过程的每个人似乎都在按照3小时的要求进行操作。因为这是行业推荐的最佳实践，所以没有人去关心减少这个时间。‘时间就是大脑。’我们在急诊室常说。但我们意识到，在规定时间完成分配给我们的任务是我们普通人的行为。我们习惯于填满这3个小时，所以我们就这样做了。”

在批判性思维中保持灵活性意味着重新审视决策，看看是否可以改进。这正是詹姆斯决定要做的。他的下一步是与他的同事里克·斯沃茨博士讨论这个问题，斯沃茨博士随后开始认真地努力寻找改进的方案。“斯沃茨博士开始在急诊室对这个3小时标准进行调查研究。一旦潜在的中风患者进门，就开始对所发生的事情进行分析。在急诊室，我们称之为‘从门到针’的时间。每个人都很专业，都在做自己的工作，但斯沃茨发现，人们只是在填满时间。”

詹姆斯进一步阐述了这一点。“例如，医学摄影即将完成时，也许医生会多看一遍扫描结果，也许放射科医生被叫走了，而耽误了时间。也可能是打电话给病人家属花了太长时间。”詹姆斯提到的所有这些额外因素加起来就需要3个小时。然而，研究表明，如果缩短使用救命药物TPA的时间，中风患者可能会有更大的生存机会，或减少不良反应。

“接下来，我们与同事一起进行了一项随机研究，”詹姆斯继续说，“我们装了一个大型时钟，这样每个人都可以在急诊室看到它。通过这个时钟可以计算从患者进入急诊室大门到针头进入患者的‘门到针’动作需要多长时间。对于一些小组来说，实施时间不到1小时。在这些小组中，每个人都找到了提高效率的方法。他们设法将TPA药物实施时间削减了50%以上。最棒的部分是什么？就中风患者的剩余能力而言，患者的预后要好得多。”简而言之，更多的生命被挽救，中风后可能发生的有害影响显著减少。

如果詹姆斯不愿意重新审视一个已经存在多年的标准，如果他故意无视他发现的事实且不进行研究，情况就会保持不变。如果他没有与他的同事斯沃茨博士讨论这个问题，可能就不会采取任何行动。原来的给药时间可能在中风患者的标准操作程序内被校准，但是，通过灵活的批判性思维的展示和医院全体员工的参与，旧的标准得到了极大的改进。

“团队中的每个人都反馈了改进的需要，”他说，“搬运工想知道为什么晚上急诊室的门是锁着的。他认为如果不锁的话可以节省宝贵的几秒，事实也的确如此。”最后，正如詹姆斯所展示的那样，灵活性在批判性思维中是多么重要，成千上万的人现在正因为他灵活的思维方式而受益。他补充说道："以质量为基础的资金投入是医疗保健的发展方向。如果医疗质量得到改善，医院将从主管部门获得更多资金。如果我们有所改善，将会有更多的预算用于护理、技术和其他方面。当有这样一个积极的结果时，每个人都会觉得很好。最重要的是，患者受益。"

如今，在加拿大和世界各地的中风医疗中心，大时钟已经是司空见惯的设备，这可以确保患者在60分钟内服用TPA药物。但毫无疑问，正是詹姆斯批判性思维的灵活性，重新调整了旧的标准，才开启了变革的进程。

在2016年斯坦福大学的一次主题演讲中，eBay前CEO约翰·多纳霍表示："在过去的30年里，我没有一次确信自己做的事情是正确的。当我正在做某件事的时候，我没有一次感觉到'太好了，我已经把这一切都弄清楚了'，我现在还是没有这种感觉。"

从本质上说，多纳霍是在暗指人性中最大的错误之一，我们真的不知道我们所做的每一个决定是否都是百分之百正确的。要成为一个开放的思考者——以最高形式展示批判性思维——我们可以向詹姆斯学习，学习他愿意重新审视过去的决策。灵活性是关键。它甚至可能挽救生命。

女帽店的启示

在我再次访问利利普特女帽店之后，我没想到会听到卡琳·鲁伊斯说出这样的话："代价是我没有让足够多的人为我做决定。"成功、有名、富有创造力的卡琳承认，如果她能把自己的批判性思维更多地委托给团队中忠诚和值得信赖的成员，她可能会更安心。“每个人都有很大的独立性，但他们通常会等待或听从我的决定。他们来找我寻求许可。”

就在那一刻，我观察到了她的情绪在起作用。卡琳说到一半时，一名员工走了过来。虽然她很恭敬，但很明显她在寻找答案。

“卡琳，你觉得这根羽毛怎么样？”员工问道。在向我暗示了这是一次演示后，卡琳无缝地将目光从我转移到她的员工身上，并迅速回答：“我觉得红色的更好。”太不可思议了。当我们讨论决策的时候，卡琳希望花更多的时间来做出决策，并让店里的员工自己做出更多的决策，但实际上，她选择的是行动而不是反思，控制而不是授权。

它提醒我，不管我们个人成功与否，批判性思维也可能是我们所知道的正确行为和我们的默认行为之间的一个枢纽。

适用于个体的批判性思维技巧

- 控制好你的时间。它可以说是开放式思维者最宝贵的资产。避免过度投入，通过定义你的反思/行动规模来发展情境能力，把细节外包出去，对自己的实际能力实事求是。尽你所能管理你的时间。

- 挑战自己。无论是寻求新的信息、相反的观点，还是额外的时间，不要让你的认知偏见影响你的决策。用尽可能多的证据武装自己。

- 与他人合作。就重大决策征求意见不是缺点，而是开放式思维者的优点。让其他人参与决策将最终改善决策本身。

适用于组织的批判性思维技巧

- 建立批判性思维指南。一个定义其批判性思维期望和属性的组织——并通过学习、指导和其他方法向所有员工提供这些期望和属性——将为个人、团队和组织的决策定下基调。

- 关注失败。失败或不幸可以为批判性思维提供宝贵的经验教训。一个组织明智的做法是将其失败记录下来，进行分类和分享。当你强调批判性思维可能出错的地方时，其他人就会有所洞察。

- 培养批判性思维的领导能力。关于批判性思维及其组织文化的重要性，奈飞公司树立了标杆。考虑在你的领导模式或领导哲学中定义并添加批判性思维属性，但要确保将其付诸实践，而不仅仅是一个“信奉的理论”。

第四章

应用性思维

先于思考

> 当心忙碌使生活贫瘠。
>
> ——苏格拉底

法国哲学家、数学家和发明家布莱斯·帕斯卡曾写道:“人类所有的问题都源于人类无法独自安静地坐在房间里。”帕斯卡的观点开始了我们对开放式思维的第三个组成部分的探索。我称之为应用性思维，即执行决策的承诺。到目前为止，我们已经研究了创造性思维和批判性思维的抑制因素和策略。应用性思维可以说是最难理解和改进的。为什么?

对许多人来说，完成任务就是他们展示自己价值的方式。看起来很忙，在清单上打钩，在会议上向老板汇报成绩，没完没了地回复电子邮件和短信，都是这些操作的示例。这就是行动的内容，应用性思维的目的。你正在完成你已经决定要做的事，你梦想要做的事。接下来就是如何做到这一点。你实际完成任务的方式和你的决定一样重要。

帕斯卡的观点是一条线索。当我们开始工作的时候，我们能不能同时深思熟虑、冷静地完成要做的事情呢？我们的表现往往取决于与他人合作。我们不仅无法独自安静地坐在房间里，而且必须离开房间才能把事情做完。我们必须在不同的领域与他人合作，才能完成我们的任务。这就是我们的一些问题开始浮出水面的地方。也许罗马哲学家塞涅卡说得最好："无处不在就是无处可去。"这是第四章内容的关键所在。当我们从梦想和决策转向行动时，为了保持开放式思维，我们需要重新思考和改进思考的方式。

与前两章一样，我们将从应用性思维的抑制因素开始。与第二章一样，我们将首先用电影来做比喻。

查理·卓别林的经典电影《摩登时代》以一个简短的介绍开场：

摩登时代：一个关于工业或个体企业的故事——人类为追求幸福而奋斗。

这部电影可能是在1936年上映的——远远早于第二章中提到的汤姆·汉克斯主演的《荒岛余生》——但它的内容与今天的"现代"有关。卓别林的电影中，开场后的前10分钟内容与应用性思维的关注点一致。我们完成任务的默认习惯和策略已经变得轻率和短视。事实上，卓别林的电影与我出版的3本书中的每一本都非常契合，因为它涉及与组织文化、目标和思维相关的问题。

剧情开始于数百名工人从地铁站出来，前往一家钢铁公司的车间，这是他们工作的地方。人们的特点是缺乏生动的肢体语言和面部表情。他们是机器人。在每位员工打考勤卡时，我们可以一窥当今现代组织中许多人的苦恼。僵化和游离仍然无处不在，而目标过于短期，频繁更换。先进技术不断被引入，以期提高工人的生产效率。没有开放式思维的空间和时间。没有对想象力的鼓励。创造性或批判性是没有用的。潜在的基调是尽可能快地完成工作。程序是机械化的，任何变动都被认为是亵渎神明。开放式思维稍纵即逝。

电影首先介绍了查理·卓别林所饰演的角色，他是电钢公司的一名员工，正忙于在传送带上组装小部件。场面只能用狂躁来形容。卓别林在他的职责上惨遭失败，技术上也是如此。卓别林的老板设定了一个大幅提高产量的目标。卓别林开始惊慌失措，然后开始失去理智。重新思考如何在工厂以不同的方式实现目标的机会被扼杀了。既然一直都是这样做的，为什么要有不同的想法呢？当唯一的要求是更快地工作时，为什么要改变呢？为什么要征求员工的意见？就像大家说的，就这么做吧。

卓别林的工头对他所看到的情况不太满意。他一边在流水线上演示正确的操作方法，一边开始叫嚣新的命令。显然，卓别林在“跳出框框思考”，试图重新思考如何完成任务。由于卓别林的错误解读，场面变得更加狂躁。混乱随之而来。这项本应提高生产率的技术显然造成了额外的压力和严重的延误。工人们开始慢慢疯狂。工头决定停止工作。责任很快就分摊到工人们身上了。车间的每一个角落都弥漫着紧张的气氛。我们再次看到，各方的开放式思维水平充其量是肤浅的，而每个人都在继续推行糟糕的应用性思维的旧习惯。

与此同时，在楼上，电钢公司总裁通过摄像机监控工厂的运营，情况也不太好。作为一个乐观主义者，总裁认为卓别林所在的工厂需要更快的生产速度。很明显，他面临着压力，要求他创造更好的结果，更快地完成任务。压力终于降临到卓别林身上，于是他逃到浴室抽了根烟，表面上是为了释放他角色内在的一些焦虑。

但在那里，总裁再次从浴室的大屏幕上出现，咆哮着指示工人立即回到流水线上。卓别林茫然不知所措，回到车间，决定修剪自己的指甲。像当今组织中的许多人一样，卓别林现在变得心不在焉，他的思维方式变得冷漠。“永远都是这样。”他自言自语道。没有人费心去征求他的意见。虽然这部电影是虚构的，但它让我想起了坐在人们面前的巨大机会。这些人都有不同的想法，并且愿意开放地思考。

如果你渴望在一个积极投入、目标驱动的组织中成为一名开放式思维者，那么这部电影的前10分钟看起来真的很令人痛苦。但它也为当今的应用性思维状态提供了很好的例证。太多人把太多的时间花在尽可能快地完成任务上。我们为了表演而表演的欲望已经超越了用正确的行为表演的需要。

但我们必须行动，必须完成任务。在有效的创造性思维和批判性思维被应用之后，问题不在于做什么，而是如何去做。随着组织中“少花钱多办事”的压力越来越大，随着预算和资源的减少，随着领导者对员工的要求更高，当我们争先恐后或专注于忙碌时，我们完成任务的方式就是我们需要改进的。这就是接下来两章内容的目的。

我希望《摩登年代》不会变成我们现在时代的写照。归根结底，需要改进的是我们执行行动的方式——如何去做。

逆火效应[1]

我们倾向于把更多的时间花在完成任务上，而不是花在创造性或批判性思维上，这是因为“逆火效应”。布伦丹·奈恩和杰森·雷夫勒在2010年首次提出、大卫·麦克拉尼在他的著作《你现在不那么笨了》（*You Are Now Less Dumb*）中深入探讨了逆火效应的概念。逆火效应表明，当你最坚定的信念受到相互矛盾的证据的挑战时，你的信念实际上会变得更加坚定。你会加倍努力，表现出更大的完成任务的决心。麦克拉尼在他的书中写道：“就像认知偏见在你积极寻找信息时阻碍你一样，当信息寻找你时，当它蒙蔽你时，逆火效应会阻碍你。不要被搞得晕头转向，你要坚定自己的信念，而不是质疑它们。当有人试图纠正你、试图淡化你的错误观念时，结果适得其反，反而强化了这些错误观念。随着时间的推移，逆火效应会让你对那些让你继续认为自己的信念和态度是真实和恰当的事情不那么怀疑。”

面对舒适的常规和短视，我们是否变得如此懒惰，以至于我们不愿意质疑在特定情况下什么是错的？我们应该不断地问自己：我们的行动是否恰当。当我们表现出逆火效应时，它会阻止我们质疑为什么我们会这样做。忽视我们如何执行一项行动可能会产生可怕的后果。你可能会想：“我一直都是这样做的，为什么现在要改变呢？”查理·卓别林在《摩登时代》中的角色试图以不同的方式做事，但他最终被他的老板淹没了。以一种滑稽的方式，他想改变他的应用性思

① 是指当一个错误的信息被更正后，如果更正的信息与人们原本的看法相违背，它反而会加深人们对这条（原本）错误信息的信任，而更正信息的行为就像一把逆火的枪，虽然没有射出子弹，却“击中”了谣言，让更正后的真实的信息更加没有市场。逆火效应会让人们对自己的怀疑越来越少，最终把自己的看法当作理所当然的事实。

维，但他的老板表现出的逆火效应阻止了一种新的做事方式的实现。因此，事故接踵而至，电钢公司的生产设施陷入混乱。

我曾经说过，生产力的唯一真正形式是不断地展示开放式思维。尽快完成任务并不是我们证明成功的唯一方法。如果有人在应用性思维过程中向你提供另一种选择，你会坚持自己的立场而放弃改变计划吗？忙碌并陷入逆火效应是进步的唯一证据吗？

在前面的第二章中，我提到了我和我的学生一起进行的纸塔练习，当时我所在的团队和部门被称为“收回成本”。简而言之，没有公共资金投入。为了维持运营，我们依赖于学生支付的学费。我们必须有创意，但我们也必须做出决策，并将其付诸行动。然而，我记得有一次，我表现出偏向于应用性思维，忘记了创造性思维和批判性思维的极端重要性。

1998年，我们启动了4个学术项目。其中一个包括为期6个月的全日制技术支持课程，目标人群是对呼叫中心或技术支持职业感兴趣的人。第二个项目是非全日制的，在晚上提供，面向那些希望提高网络管理技能的人。第三个项目集中于各种软件开发语言，如C++和Visual Basic，全职运行6个月。第四个项目为期12个月，全日制，强度极大，面向那些希望成为高科技网络、管理或咨询领域的商业领袖的拥有学士学位的学生。这个项目被称为“信息技术专家”（ITP），我在这个项目中进行了那些纸塔实验。但ITP也展示了我个人是如何利用逆火效应，以及我急于启动一个全新的项目是如何惨败的。

2001年，自ITP首次推出已有大约3年的时间，每年都有3组、每组30名学生学习。那些学生也支付了一大笔学费，为了这沉浸式、高强度教育的一年，每个学生支付了大约1.7万美元。该项目是领导力培养和集中技术教育的结合。技术学习的重点是网络、网络商务和商业智能等概念，以及其他技术主题。该项目还教授简单的网络开发课程，尽管目的不是让毕业生成为程序员。

在成功运行ITP项目3年后，我的思想开始游荡。我重新进入了创造性思维阶段，开始寻找在ITP项目模式成功基础上再接再厉的方法。这是个好消息。坏消息是，逆火效应正在潜伏，潜伏在应用性思维阶段。我大声地对团队说："如果我们采用ITP的一般概念——12个月、模拟商业模式、技术和领导力发展相结合，3个月的工作期限、高度互动和密集的教育体验——用标准的网络开发课程取代技术课程，会怎么样？"与其说这是一个问题，不如说是我坚信这个想法是可行的。

因为我们已经有了一个关于ITP模型的现有蓝图，我认为只需用一种课程替换另一种课程，就可以很容易地复制我们在该项目中取得的成功。我们将教授网络开发课程，而不是信息技术课程和网络课程。我们可以原封不动地保留项目的所有其他方面，一切都会很好。我们甚至有现场设施来扩展新版本的项目。就是如此简单，你已经可以想象一年后的毕业典礼上，学生们笑得合不拢嘴。在没有做适当的尽职调查、市场分析或项目评估的情况下，我让自己和团队相信这个新项目将取得巨大成功。虽然创造性思维是高尚的，但我完全忽略了批判性思维。当我们匆忙进入应用性思维时，整个项目在当时就遇到了逆火效应。

我们称这个新项目为"专业网络开发者"（PWD）。可以说，在启动之前，试图说服潜在的学生相信它的优点是一项极其困难的任务。那是2001年，“互联网泡沫”正如火如荼。但是我对这些问题视而不见。我无视新闻、事实和数据，坚信PWD项目将比ITP项目更成功，逆火效应出现了。第一期PWD只有18名学生，而ITP有30名学生。这是一个征兆。这是在经过大约一年的营销和促销之后所取得的成绩。我对这个不起眼的数字不屑一顾。我也在“管理”院长和副院长，让他们相信第一批学员人数只是一个暂时的数字。我继续使用我的低水平应用性思维，推动团队中的每个人按计划进行。尽管情况如此现实，我还是锁定了目标。

还有更多的例子表明我热衷于应用性思维。虽然从理论上讲，用一种教育类型替换另一种是有意义的，但这是一个危险的错误。网络管理与网络开发有很大的不同。更糟糕的是，我们接受的学生类型与ITP项目的相同。只要学生有学位，我觉得我们可以教任何人编程。这是一个巨大的错误。我如此确信这是可行的，我没有停下来考虑过学生们的潜在陷阱和他们的编程能力。因此，我继续前行，指示团队继续构建PWD课程。

PWD项目发布的第一周就出现了问题。一些学生做得很好，而另一些学生在编程的基本逻辑上遇到了令人难以置信的困难。我们不得不在课程的技术方面花了比我们计划的更多的时间。也就是说，我们没有把专业开发和网络开发结合起来——正如这个项目的初衷——而是把太多的时间花在了编程所需的基本技能上。学生们在课堂上表现出的编程能力差距很大。他们为了练习管理技能而不得不经营的模拟业务也受到了影响，因为花在这上面的时间更少了。雪上加霜的是，在企业界寻找愿意与该项目合作的有偿职位简直是一场噩梦。没有人愿意招收网络开发专业的学生，更不用说付钱给他们了。然而，为期3个月的实习经验是该项目的关键组成部分。

在ITP项目中，几乎所有从项目中途开始的实习期内的职位都有工资。而当我们推出PWD项目时，只有几个人拿到了工资。你可以想象，学生和教职员工团队的压力非常大。到了第四学期，也就是最后一个学期，几名学生要求退还部分学费。可以说，PWD项目适得其反。

拉斯穆斯·霍加德、杰奎琳·卡特和吉莉安·库茨在他们的著作《提前一秒：用正念提升你在工作中的表现》（*One Second Ahead:Enhance Your Performance at Work*）一书中对行动成瘾进行了调查。书中写道："当我们沉迷于行动时，我们做事情不是因为它们重要，而是因为我们想要感到自己很重要。任务摆在我们面前，我们希望自己看起来有用和富有成效。问题是，当我们不后退一步来确保我们把时间花在与主要目标一致的任务上时，我们最终会把大量时间浪费在眼前——通常被认为是不重要的——任务上。"我的这段个人经历虽然痛苦，但强调了不要仅仅为了完成某件事而上瘾是多么重要。应用性思维需要你克服自我。它要求你意识到逆火效应和出于"仅仅因为"而行动的潜在后果。

执行功能障碍

因为在进入企业界担任首席学习官之前，我的部分职业生涯致力于高中和高等教育水平的教学，所以我对学习方面的研究和问题有着天然的好奇心。我还娶了一位教育家。我的妻子丹尼斯是维多利亚州一所中学的教务主任，我们的餐桌讨论和约会之夜往往会涉及教育领域的挑战和机遇之类的话题。

一天吃晚饭时，我们在讨论本书写作的进展。因为我横跨教育界和企业界，所以在谈论我们的职业情况时，我倾向于使用学术术语，而不是商业术语。我脱口而出："这就好像人们的思维已经失调了。这瓶红酒还没有完全喝完，但已经危险地接近了，要打开另一瓶了。他们变得如此专注于'做事'，他们的前额叶皮层还在工作，这真是一个奇迹。每个人看起来要么压力很大，要么心烦意乱，或者两者兼而有之。

我之所以对大脑的前额叶皮层区域感兴趣，部分原因是大量的文献表明，它在人们20岁出头才会完全发育。因此，从幼儿园到12年级阶段的教育工作者都清楚地意识到，当我们谈到批判性思维和应用性思维时，孩子并不具备和成人一样的能力。前额叶皮层负责大脑的理性部分。但是儿童和青少年倾向于使用他们大脑中的杏仁体。它负责大脑的情感部分，遗憾的是，对于20岁以下的人来说，这是支配他们做出大多数决策的地方。如果你问一个青少年："你在想什么？"当他们开着你的车兜风之后，他们可能会回答："我不知道，我没想过。"做出这种情绪化、非理性决策的是杏仁体，而不是前额叶皮层。

回到餐桌上，丹尼斯非常准确地回应了我的愤怒。"在你的模型中，成年人似乎在努力实现他们的执行功能，你不这样认为吗？"

她是对的。要成功地改变我们的应用性思维，我们需要花一些时间来定义、理解和重新设定执行功能的重要性。这是一个在针对年轻人的教育中盛行的概念，但在职业领域中似乎被丢失或遗忘（或从未被学习过）。

是链接吗？前额叶皮层控制着我们的执行功能。

讽刺吗？执行功能是一个基于商业隐喻的术语。

CEO应该帮助公司实现其目标，监督所有职能。作为成年人，前额叶皮层的执行功能对我们每个人来说都是一样的。正是我们的执行功能使我们能够正确并持续地管理应用性思维。

明尼苏达大学的菲利普·大卫·泽拉佐整个职业生涯都致力于研究执行功能。他将其称为“做出决策并付诸实施，就像一个人刻意试图解决一个问题一样”。俄勒冈健康科学大学的穆里尔·莱扎克表示，执行功能“包括制定目标、计划如何实现目标及有效执行计划所需的心智能力”。京都大学的船桥新太郎将其定义为“各种流程协调运作的产物，以灵活的方式实现特定的目标”。你可以看到一种模式正在显现。当我们从决策转向行动时，执行功能发挥着重要的作用，因此它对应用性思维至关重要。

因此，执行功能对我们采取行动的方式极其重要。作为一个集成系统，执行功能——正如它在医学界通常被提到的那样——帮助我们组织、管理时间、自我约束、回忆和执行的行为。执行功能依赖于大脑的3个功能：有用记忆、抑制和自我控制。如果我们想要成功地完成我们的想法或任务，这些大脑功能必须协同工作。如果我们的大脑变得失衡、健忘或透支，可以肯定的是，我们要么达不到目标，要么其他不利影响接踵而至。一旦我们更好地理解了执行功能的重要性，应用性思维就有更大的成功机会。

现在，把你自己放在一个工作的情境中，你是项目团队的一员，你不是项目领导，而是有贡献的团队成员。团队规模为10人，由来自组织不同部门的员工组成。该项目有几个里程碑，最终到达四周后的最后期限。到目前为止，团队合作得很好——通过几次会议讨论了各种想法，决策过程也相当轻松，现在的工作重心已经转移到完成项目本身的实际任务上。你已经开始行动了。你感觉很好。团队中的同志情谊是显而易见的。

这个项目很重要。最后的陈述将在3位高级副总裁面前进行，他们都是在组织内部有影响力的人。这可能会给你带来一个巨大的工作机会，或者至少是建立人脉的机会。然而残酷的现实是，你已经错过了第一个里程碑的最后期限。虽然你记得很多你需要做的事情，但你在最初的项目会议上做的笔记是相当可疑的。你忘了记住那些有助于你成功完成任务的相关信息。你如何处理这些任务也是值得怀疑的。你采用了一种零星的方法，经常试图同时处理三四项任务。你的注意力不集中了。压力越来越大。此外，你没能消除那些嗡嗡作响的干扰。同事们不断来找你传办公室的闲话，你的手机每隔60秒就会响一次，而且你一直无法按时完成任务。

简而言之，你错过了里程碑式的最后期限，因为你没有记住，没有集中注意力，也没有排除干扰。一团“不称职”的迷雾已经影响了你的执行功能。正念、专注和客观都不存在了。在创造性思维和批判性思维阶段起作用的东西是不同于应用性思维的。你的注意力范围很模糊，这影响了你完成任务的能力。团队成员都在质疑你的能力。一心多用让你感到慌乱。你的大脑正在遭受感官超负荷的折磨，因此，你无法按时完成任务。你不再是你前额叶皮层的CEO。用商业术语来说，你被降职了。很快你甚至可能被解雇。

调节我们的执行功能是应用性思维的核心。要完成我们的行动，我们必须首先能够在行动过程中管理自己。创造性思维和批判性思维是没有用的，除非我们在应用性思维阶段能够记住、聚焦和屏蔽一些事情。当我们制定了明确的目标并保持承诺，且能够承受不断变化的条件时，我们就会对自己的执行功能充满信心。也就是说，如果我们想要控制自己的行为，我们必须控制我们自己。

忙还是不忙

作为一个终生的足球迷，我一直对点球着迷。我认为点球大战是所有体育运动中最残酷的规则之一。问问英格兰男子国家足球队的队员就知道了。在一场激烈的比赛之后，如果比分持平，冠军将由守门员和一群点球手之间的比赛决定。每一个点球本身都是一场小型的比赛：个人对个人。但这正是我们在本书中发现的不良应用性思维习惯之处。

站在守门员的角度想一想。当你试图在对手踢球之前智胜他们时，你可能会拍手或做跳跃的动作。你试图分散他们的注意力，开始踢腿。作为球队胜负之间的最后一道防线，你必须做出选择。你保护的目标区域为7.3米×2.4米，因此你负责17.5平方米的空间。你要阻止的球在10米开外。球员将从罚球点以平均每小时100千米的速度击球。这意味着你有700毫秒的时间来决定是向左还是向右俯冲来拦球。但这里面隐藏着一条关于应用性思维的线索。我们必须行动吗？我们一定要保持忙碌吗？

根据以色列内盖夫本–古里安大学的迈克尔·巴里和同事在2007年进行的研究，待在原地不动、不向左或向右跳的守门员有33.3%的机会拦住点球。有趣的是，研究人员发现，93.7%的情况下，守门员会向左或向右移动。研究人员写道："罚点球时的常规是守门员跳到一侧，而不是停留在球门的中间。这一结果也与我们对守门员跳跃次数超过最佳状态的解释一致，这表明让守门员在拦球时感觉更差的是不作为（停留在球门中间）而不是采取行动（跳跃）。"

在事关球队成败的关键时刻，守门员几乎一致选择忙碌。他们要么向左，要么向右，因为采取行动的感觉更好。什么都不做，然后眼睁睁地看着球向右或向左飞入球网，感觉会很不自然。尽管有相反的证据表明，如果他们至少有1/3的时间站在球门中间，他们会更成功，但守门员不希望被视为没有采取行动。"这种非最佳行为表明，守门员的决策中可能存在偏见。根据我们的假设，导致这种非最佳行为的原因是'行动偏见'。"

行动偏见指的是一个人的忙碌倾向。我们讨论了在创造性思维和批判性思维中抑制忙碌的因素，为什么说它对应用性思维很重要呢？我们需要分析如何完成最关键的任务。尽管这看起来有悖常理，但应用性思维并不是要一直采取行动。例如，仅仅因为Facebook、LinkedIn、Instagram、Snapchat或Twitter发送了通知，并不意味着你需要停下手头的事情去理会它。相反，别理它。继续完成你的主要任务，继续你正在做的事情。

当电话在你的口袋里或办公桌上响起时，你不需要接听，让它转到语音信箱。互动是守门员经常采取的行动，在罚点球时，他们会选择向左或向右跳跃。不参与是完全没有问题的。约翰·梅迪纳是《让大脑自由：释放天赋的12条定律》一书的作者。他发现："一个被打断的人完成一项任务需要多花50%的时间，错误率也会增加50%。”我们必须注意我们的行动决策。

你选择的忙碌方式会影响你的成功。我们在第三章中介绍过萨米尔·帕特尔。萨米尔认为执行习惯是一个潜在的陷阱，通常与人们如何看待自己与组织中其他成员的关系有关。他说：“你来工作时给自己施加了不必要的压力，让你觉得自己无所不知。你相信你被录用是因为你有最好的答案，然后你就会把所有的时间都花在努力达到这个期望上。”你变得过于忙碌，试图向人们证明你无所不知。这会占用你很多时间。今天，有大量的变化正在发生。现实情况是，你需要有改变的灵活性和适应能力，而不是花所有的时间向人们证明你拥有所有的答案。如果你的行动偏见是为了不断证明你的价值，你最终将无法完成源自创造性思维或批判性思维的任何想法或决策。正是这种忙碌的状态会导致一连串不完整的行动和应用性思维的匮乏。

如果你有不恰当的行动偏见，导致低效的忙碌和工作无效率，你的实际行为就是在抑制应用性思维。想象一下学校里一个青春期的孩子。能量几乎渗透在每一次互动中。但是，他们是否有效地将精力用于正确的任务，以正确的方式完成真正应该完成的任务？任何学校教师的工作都是帮助学生将他们无限的热情和精力转化为有效的和针对具体任务的应用性思维。现在，想象一下你是项目团队的一员。如果你的一些同事是那个青春期孩子的代表——无心工作、效率低下、注意力不集中或心不在焉——这个项目会按时完成吗？如果行为看起来是疯狂的，应用性思维就会受阻。当焦点没有被锁定于确定的任务时，就会发生延迟或失败。

出身于马耳他的法国医生、心理学家爱德华·德·博诺是《六顶思考帽》一书的作者，他写道："行动并不等同于效率。熟练的运动员似乎比不熟练的运动员有更多的时间，做事也更慢。"以冰球名将韦恩·格雷茨基为例。格雷茨基打破了全国冰球联盟的所有得分纪录，并担任了4次斯坦利杯（Stanley Cup）锦标赛的队长——这在很大程度上是因为他在冰上做出的出色决策和表现。他的应用性思维既有效又高效。格雷茨基在冰上的练习既没有浪费，也没有过于繁重，而是很有力量的。

当格雷茨基还是个小男孩的时候，他的父亲恳求他"滑到冰球要去的地方，而不是它去过的地方"。当格雷茨基从神童成长为巨星时，他有意识地选择不去做不必要的事情。他的滑行从来都不是最快的，他的射门从来都不是最难的，而且他很少进行身体检查。冰球像任何团队运动一样，是在激烈的竞争中发生的一系列动作。尽管他父亲的名言在商界被过度使用，但格雷茨基的优势不仅仅是运动能力，还有他在冰上采取行动时的高效决策能力。这是理解他父亲的名言和欣赏格雷茨基表现的关键。他没有浪费精力。他培养了在正确的时间出现在正确的地点的能力。这不是运气。他排除了任何在冰上过度忙碌的机会，他拒绝成为一个效率低下的冰球运动员——结果，他成了有史以来最伟大的冰球运动员。

正如大卫·埃文斯·麦克唐奈在1798年1月1日的《每月评论》中提醒我们的那样："追逐两只兔子的人最后一只都抓不到。"完成行动是应用性思维的关键要求。但是，如果在行动时效率低下，就将陷入一种无法实现开放式思维的忙碌。

应该说“不”的时候说“是”

康奈尔大学教授布莱恩·万辛克在2005年的一篇研究论文《无底碗：为什么分量大小的视觉暗示可能影响摄入量》中发现，人们很难说“不”。通过给受试者一碗自动但秘密地加满的汤，人们没有意识到他们比另一组使用普通碗的受试者喝了更多的汤。“尽管这一组研究对象多吃了73%，但他们并不认为自己吃得更多，也不认为自己比那些用普通碗喝汤的人吃得更饱。”拿着加料碗的人不仅没有意识到他们下意识地同意喝更多的汤，而且他们低估了自己吃得过多的程度。平均而言，受试者低估了140卡路里的热量摄入。

我们说“不”的能力可以极大地帮助应用性思维。当我们对太多的事情说“是”时，我们最终会负担过重，或者对于喝汤的人来说，就是营养过度。正确地决定如何说“不”可以决定你是否要实现你的目标。当然，反之亦然。如果你对所有事情都说“是”，则会对应用性思维产生负面影响。不断地对人和新项目（或汤）说“是”可能会严重阻碍事情的完成，从而阻碍应用性思维的发展。就像执行功能一样，如果我们不“无情”地采取行动——屏蔽那些不相关的、破坏性的或冲动的事情——我们就会失败。

达伦·恩特威斯尔是TELUS的CEO，我自2008年年底以来一直在这家电信公司工作。达伦教会了我和公司里的许多领导如何说“不”。TELUS没有无底碗。2009年和2010年，我是TELUS领导哲学（TLP）开发团队的一员，TLP是一个组织范围的框架，旨在帮助TELUS团队成员变得更具协作性和开放性，以追求“客户至上”，这是公司的第一优先事项。

我们的领导哲学包含了10种领导技巧，这些技巧对哲学的其他方面进行了补充。这些技巧结合了与TELUS的领导力相关的操作方法和假设条件。达伦建议应该将以下内容作为专注于战略的第一条领导技巧的一部分："如果你对自己故意选择不做的事情不感到焦虑，那么作为一名领导者，你的注意力就不够集中，这对于确保你的团队完成优先事项至关重要。"

换句话说，你如何集中注意力与你说"不"的能力有关，这反过来又有助于你优先完成任务。相反，不能说"不"会让你面临时间管理和资源问题。此外，当你的注意力水平变得不可靠和支离破碎时，它会给你带来不必要的压力，要求你完成超过你应该完成的事情。格雷戈·麦吉沃恩在他的著作《精要主义：如何应对拥挤不堪的工作与生活》一书中精彩地阐述了这一点："只有当你允许自己停止试图做所有事情，不再对每个人说'是'时，你才能对那些真正重要的事情做出最大的贡献。"

但是，说"不"真的很难。研究人员唐纳德·苏尔、丽贝卡·霍姆斯和查尔斯·苏尔在2015年发现，即使高级领导者也很难做到这一点。例如，80%的领导者表示，尽管有对应的证据，但他们将继续维持现状，而不是停止明显失败或表现不佳的业务或计划。这不仅会对应用性思维造成障碍——削弱执行能力——还会严重浪费现有资源。"高层管理人员将不成比例的时间和注意力投入发展潜力有限的业务上，并派出才华横溢的经理，他们经常为了拯救几年前就应该停止或出售的业务而筋疲力尽。"即使我们以前可能会说"是"并进入了应用性思维，但明智的做法是不断地评估事情的执行情况。曾经的肯定会变成现在的否定。

苹果公司的联合创始人史蒂夫·乔布斯以说“不”而闻名。例如，在1997年回到苹果公司时，他花了几个月的时间将苹果公司正在生产的产品从350种减少到10种。他甚至在公开演讲中讨论了说“不”和专注之间的关系。1997年在旧金山举行的Mac World开发者大会上，他说：“你可能认为专注就是说‘是’。不！专注就是说‘不’。”总部设在美国和中国的罗德公关公司，其CEO凯西·布鲁姆加登认为，说“不”是优秀领导者的标志。她说：“有时，说‘不’可以作为重新调整团队的工作重点或重新确定可交付成果和后续步骤的优先级的机会。”

TELUS有一个例子说明了从一开始就说“不”的力量，而不是在完全不知道事情会如何发展的情况下说“是”。在21世纪头十年的中后期，电信分析师和专家们经常向达伦和其他高级领导者询问该公司的战略。TELUS的竞争对手，如BCE、罗杰斯和Shaw开始（或继续）收购媒体内容提供商，而TELUS则作壁上观。它没有说“是”，而是坚定地、反复地对进入媒体领域说“不”。十年后，TELUS仍然是加拿大电信业中唯一一家没有进入媒体内容业务的主要电信公司。为什么？

每当被问到这个问题时，达伦都会回答说，拥有媒体内容不是TELUS的一项“核心能力”，任何进入该领域的尝试都会分散该组织对其无线、有线、电视和电子医疗业务中“客户至上”的使命的注意力。该公司将重点放在核心能力上，取得了一些令人瞩目的成果。其后付费无线业务每月客户流失率——客户离开后购买竞争对手的产品——降至1%以下，明显低于加拿大任何一家电信公司。该公司每位客户的终生价值接近7000美元，比其国内同行高出40%。最后，从

2000年年初到2018年年初，TELUS创造了近400%的总股东回报率，这是全球电信公司中最高的。这些只是商业指标，由于该公司对媒体说“不”，它也能够实现其更高的目标，即“服务我们的社区”。TELUS已经向慈善和非营利组织捐赠了4.82亿美元，并为全球社区志愿服务了100多万天。有时，说“不”会远远超出及格线的效果。

飞行中的僵化

在前一章中，我们认识了詹姆斯·佩里，他帮助我们理解了批判性思维灵活性在医疗保健领域的重要性。与批判性思维一样，当我们在应用性思维过程中变得过于僵化——仅仅因为我们想把事情做完就立即采取行动时——很可能会出现错误。此外，与你一起工作的人会变得不配合。无论哪种方式，僵化通常都会成为开放式思维的重要抑制因素。为了说明如果我们的应用性思维过于僵化会发生什么，让我们回顾一下美国国家航空航天局（NASA）的案例。

挑战者号航天飞机失事是一场可怕的悲剧，体现了应用性思维的僵化。那是1986年1月，世界上的大部分人都全神贯注于他们的电视屏幕。这是第一次，一名普通公民进入太空。来自新罕布什尔州康科德中学的美国教师克里斯塔·麦考利夫从1.1万名申请者中脱颖而出，与6名美国宇航员一起执行这项历史性的任务。挑战者号定于周二上午从佛罗里达州泰特斯维尔的肯尼迪航天中心起飞，但人们对外界温度提出了质疑。在每年的这个时候，佛罗里达州东海岸都异常寒冷——仅略高于冰点——有关部门开始发出预警。

对寒冷天气的担忧集中在挑战者号固体火箭助推器连接处的O形压

力密封圈上。如果O形压力密封圈失效，热气将从连接处泄漏出来。在那个部位，由于液氢和液氧的点燃，热焰会冲破外部燃料箱，引起爆炸。这一悬而未决的情况将在固体火箭助推器被清理好并允许起飞后不久的几秒钟内发生。

NASA发射到太空的任何东西都是应用性思维的练习。有程序，有规则，有倒计时，有上千人扮演各种角色。它是在发射前、发射中和发射后不间断的行动。当然，也有很多决策要做。这是一个典型的例子，说明了应用性思维需要反复进行批判性思维才能取得成功。在挑战者号灾难的案例中，NASA的高级官员没有听取证据，也没有理睬就在他们眼皮底下的确凿事实，选择了僵化而不是灵活性。他们不合时宜地开始了起飞前的倒计时。

几个月前，供应O形压力密封圈的犹他州承包商莫顿·蒂奥科尔公司就这个悬而未决的问题发出了警告。在1985年10月1日的一份每周活动报告中，莫顿·蒂奥科尔公司的罗伯特·埃贝林试图让他的高级管理层重点关注O形压力密封圈。这份报告的内容摘要以“救命！”开头，并以“这是一个危险信号”结尾。到发射时，NASA已经询问了“危险信号”的情况。O形压力密封圈已经过测试，可以在40华氏度或以上的天气条件下工作。在佛罗里达那个致命的早晨，气温只有18华氏度。

在发射前几个小时，NASA向莫顿·蒂奥科尔公司施压，要求提供更多信息，埃贝林在犹他州召集他的O形压力密封圈团队讨论这个问题。几年后，埃贝林说：“我们讨论了如果温度低于40华氏度可能会发生什么，实际上，我们认为这将是灾难性的。”但NASA官员向该公司施压，要求其为O形压力密封圈开绿灯。

莫顿·蒂奥科尔公司的工程师不建议发射航天飞机，至少不要在接近冰点的温度下发射。工程师们希望NASA等到气温接近53华氏度的下午再进行发射。由于NASA施加的压力，加上莫顿·蒂奥科尔高级管理人员的妥协，该公司改变了最初的决定，最终批准了发射。当埃贝林和他在莫顿·蒂奥科尔公司的整个团队观看发射时，他对自己说："上帝啊，我和所有工程师都错了，让它过去吧。"当时我14岁，在教室里观看了这一事件的现场直播。对于一名GEnx[①]的成员来说，这是一个决定性的童年时刻。在我的眼前，我和我的同学们一起看着挑战者号解体成数千块碎片。

事件发生后，里根总统立即成立了一个总统委员会来调查挑战者号灾难。主要调查结果中有一项值得我们深思的内容——NASA对其发射时间表的僵化执行导致管理人员忽略了情况的严重性。领导者没有考虑到关于O形压力密封圈潜在问题的事实，而是坚持发射议程。如果NASA没有坚持发射，航天飞机上的7个人可能继续过着充实的生活。相反，挑战者号灾难给我们所有人上了不幸的一课。我们不能在应用性思维中保持僵化。固守一个"仅仅因为"的议程是封闭的思维方式，是不折不扣的灾难。

行为上的僵化

蒂姆·霍基讲述了一个故事，这个故事提供了另一个僵化的例子，说明我们盲目地想要完成事情的愿望如何对我们的日常工作产生有害影响。在他讲述的这些事情发生时，蒂姆是加拿大道明银行的高

① 通用电气GEnx（General Electric next-gene ration）发动机是一款先进的双转子轴流失大涵道涡轮风扇发动机，使用于波音787.747-8。

级副总裁，向CEO埃德·克拉克汇报工作。当时，他和银行最高层的管理团队在一间会议室讨论收购事宜。

“当时的首席风险官不想做这笔交易。”蒂姆说。他和首席风险官在收购一家将为道明银行的整体投资组合提升价值和盈利能力的金融服务公司的好处上存在分歧。“你很少会反对自己的首席风险官，我以前也从未这样做过，或者从那以后。但我对这笔交易充满信心，”他继续说道，“埃德作为领导者的才华，特别是从流程的角度来看，确保了我们在每笔交易中都与整个高级领导团队一起对收购进行了尽职调查审查。”但是，在计划进行审查的那天，首席风险官生病了，不能参加会议。蒂姆说：“尽管首席风险官不在，但我们还是完成了整个审查过程。我对埃德说：‘首席风险官今天不在这里，但我知道他不同意这笔交易。’”在会议结束时，埃德告诉管理团队，一旦首席风险官可以参加会议，将再次进行审查。

首席风险官身体状况良好，可以在下周开始工作，因此再次安排了尽职调查审查。包括首席风险官在内的高级领导者进行了会面，他有机会陈述自己的观点。然而，蒂姆认为这是一个流于形式的过程。在他看来，这笔交易是合理的——事实上是无可辩驳的——他已经下定决心了。“我心想，‘好吧，反正我们都需要再经历一次这个过程，所以我们还是把它做完吧。’我在会上并没有真的在听首席风险官的讲话，因为我已经下定决心了。”

在第二次审查会结束时，蒂姆宣布他支持这笔交易，尽管首席风险官会有保留意见，但高管们同意按照蒂姆的愿望和预期进行收购。这时，埃德把蒂姆拉到一边，对他说：“我们去散步吧。”

“这是你处理这种情况的最好办法吗，蒂姆？”埃德问道。他于2002年成为加拿大道明银行CEO，2014年退休。在此期间的大部分时间里，蒂姆都向他汇报工作。埃德作为一位开明的、有思想的领导者的声誉是有口皆碑的，他是2010年加拿大年度杰出CEO，同年被授予加拿大勋章（Order of Canada），《哈佛商业评论》也将他列入了“全球表现最佳的100位CEO”名单。当埃德把蒂姆拉到一边讨论他是如何处理会议的时，他是在探究他的僵化行为。“你礼貌地听着，”埃德对蒂姆说，“但你对他的观点不屑一顾，”埃德继续指点蒂姆，“怎样才能感谢他的意见，要求给些时间来考虑他的观点？怎样才能给那个人带来被尊重的感觉呢？离开会议而不急于做出决定，好好考虑一下，然后第二天再说。”

如果你是道明银行这种组织的高级领导者，你的大部分应用性思维都将发生在这样的情况下。你在诸如蒂姆的尽职审查这样的会议上表现出色，以做出符合组织目标的决策。你采取行动的方式往往是做出决定的壮举。因此，如果你的行为过于僵化，你可能做出糟糕的决定，或者在这个过程中给人们带来不好的感受。无论哪种方式，都可能产生不利的后果。

从本质上说，道明银行的CEO把蒂姆拉到一边，通过他的应用性思维，教他什么是可敬的领导力。在2011年的一次关于领导力的公开演讲中，埃德指出：“我们都在寻求增长，但知道某些形式的增长可能会致命。在道明银行这样的组织中尤其如此，因为我们的核心业务是冒险。投机取巧是一回事，走得太远、太快是另一回事。了解这其中的差异对组织来说可能是生死攸关的问题。”

蒂姆对自己的想法很坦率。“埃德给我的反馈是完全正确的。这是我经历过的最严重的脑子抽筋。我永远不会忘记我是如何用短视的封闭思维来对待这种情况的。埃德能和我分享这一点真的很好，尽管收购的结果是一样的。谢天谢地，这笔交易结果不错，否则我可能不会来告诉你这个故事了！在风度上，我从埃德那里学到了如何更好地处理这种情况。”首席风险官在一段时间后去世。“我从来没有告诉他我很抱歉，”蒂姆说道，“我真希望我这么做了。”

蒂姆特别慷慨地与我分享了这个故事。尽管令人心碎，但它是对应用性思维抑制剂的最后洞察。尽管我们每个人都必须完成任务——应用性思维当然是同等重要的——但我们在完成任务过程中的行为方式往往与我们想要完成的事情一样重要。

女帽店的启示

“在过去的两年里，我没有连续休假超过4天，”卡琳·鲁伊斯带着一丝恼火的语气说，“我必须做出改善，不能一直处于‘在线’状态。”

这是一个鲜明的提醒，人们在某种程度上不费吹灰之力就能被一些行为所消耗掉。她接着说：“因为所有的台账、运营、促销等都是我做的，所以我觉得自己总是在工作。”

虽然卡琳可以全力以赴——她可以与客户、供应商或员工高度互动——但每天都有不同的时刻需要不同类型的应用性思维去关注。“我已经认识到，我的每一天都是一个不断调整优先级的过程。我需要接那个电话吗？我现在应该帮助那个工作人员吗？我得写那篇博客。毛毡供应商回电了吗？这都是一种平衡行为。”

我们将在下一章中探讨，在应用性思维中对我们的行动进行优先排序与开放式思维一样重要。

个体的应用性思维问题

- 你有没有考虑过如何完成你的行动？你的目标仅仅是尽快把事情做完吗？
- 你是否太专注于完成一个目标而忽略了其他可能改变方向的反馈、线索或信息？
- 你是否一直在管理你的执行功能——有效记忆、集中注意力并排除干扰——从而使你的应用性思维相对没有压力？或者，你是否因为持续忙碌而感到心神不宁，感觉生活就像个高压锅？

组织的应用性思维问题

- 如果一种情况需要更多的时间或额外的投入，组织是否提供了这样做的手段，或者组织是否太僵化以至于继续保持现状？
- 说“不”是否很困难，让组织受制于时间管理、资源或财务问题？
- 组织是否倾向于促使员工忙碌到不健康的水平，从而导致工作疏离和/或健康问题？

你会有另一个想法

环境似乎是塑造人的性格的模子。

——玛丽·沃斯通克拉夫特

“作为一名指挥家，我能做的最好的事情就是激发自发性，让艺术自然地出现。”这是一位优秀的交响乐指挥家塔妮娅·米勒说的话。二十多年来，她一直在全球范围内为各种交响乐团担任指挥。塔妮娅曾与多伦多交响乐团、西雅图交响乐团、伯尔尼交响乐团、俄勒冈州交响乐团、大蒙特雷亚尔交响乐团、那不勒斯爱乐乐团、哈特福德交响乐团、芝加哥交响乐团和弗罗茨瓦夫爱乐乐团等合作演出。并且，塔妮娅担任维多利亚交响乐团的音乐总监长达14年之久。

塔妮娅相信音乐是我们人类和个人创作的延伸，没有对错之分。在某种程度上，音乐是我们每个人都可以通过她所说的“美丽记分卡”来诠释的东西，在指挥交响乐团时，塔妮娅知道她有责任帮助观众到达这样一种境界。音乐会是一种表演，是通过音乐家达到顾客期望的一次练习。虽然像塔妮娅这样的音乐总监会在演唱会前、演唱会期间和演唱会后展示创造性和批判性思维，但她运用应用性思维的方式——在充满高期望的房间里指挥现场表演——有助于我们理解一个重要的标准。在实际操作中，有踩油门的时候，也有松开油门的时候。

“比如在表演中，”她说，“作为一名指挥家，我可能在一开始就改变一个较快的节奏，但我会在稍后的表演中保留一个稍微快一点的节奏。我在确定团队何时可以处理某事时是有策略的。如果我推动他们，回报可能是非同寻常的。可以把它想象成一场爆炸，在这场爆炸的同时，这个团队并不知道他们有能力做到这一点。它变成了一场每个人都知道震撼了现场的电动自发表演。如果你在表演过程中让一切都‘原封不动’，那个‘爆炸’时刻就会消失。”

塔妮娅的见解提醒我们，应用性思维需要可塑性。把事情做好，完成我们的行动是有起伏的。前一分钟需要你加快速度，而后一分钟则需要你把脚从油门上移开。“当我们排练时，最好的策略是让我们的音乐家做好准备，这样就应该有一些未知的元素。”她补充道。这提醒我们，在完成任务时，我们应该预料到会遇到打嗝和其他小插曲的情况。我们如何处理这些意外将决定应用性思维的成功与否。

塔妮娅认为：“对于指挥家、观众和交响乐团来说，最令人满意的音乐体验是让音乐不断变化。艺术改变了我们。我们对当下做出回应，我们在回应音乐的流动。观众会改变气氛，无论是狂热的能量，还是无聊，还是全神贯注。紧张也会改变我们。我们可能会先紧张，然后平静，然后再紧张。但我们必须对形势的要求做出反应。这是关键。”

当塔妮娅使用“流动”这个词时，我想到了心理学家米哈里·契克森米哈的研究。在他的心流模型中，表现出冷漠行为（缺乏感觉、情感、兴趣甚至生活意义）的个体，据说在挑战自我和技能水平方面都很低。他的应用性思维令人怀疑。然而，当某人处于“心流”中时，他会表现出高度的偏好，喜欢接受具有挑战性和有回报的任务。此外，他还会在技能发展方面表现出很高的天赋。在进入“心流”状态时，个体也是在对情况的性质做出反应。这看起来很轻松，但在背后，他在不断平衡努力与产出。他在研究成为一名富有成效的应用型思考者的要求。

通过指挥交响乐团的例子，塔妮娅帮助我们认识到，应用性思维在一定程度上是关于制定中间行动和抵制抑制力量。例如，准备太多可能会变得乏味。太快的速度或狂热可能会有风险，太多的紧张情绪会对团队中的其他成员造成不利影响，也会影响你自己的表现。相反，自满于应用性思维会让你陷入自负的境地。塔妮娅观察到：“你想骑行在反应灵敏的马路一侧，但要靠近线路，不要离得太远，否则你就会失去控制。”

塔妮娅证实，交响乐演奏家和指挥家在表演时考虑到了这种平衡。它是良好应用性思维的基础。她认为，当音乐家专注于他们正在做的事情的技术方面时，他们会感到自在。这可能是注意节奏，或者解读彼此的肢体语言或指挥家的肢体语言。但任何技术层面都会被艺术表现所抵消。表演不足和表演过度之间的平衡是交响乐团达到更高境界的点，是音乐和艺术的释放。塔妮娅说：“最终，我们完全控制了准备阶段——我们演奏的左脑部分，但它沉溺于对音乐的‘放手’中。这就是我们在表演中所追求的，介于准备和兴奋之间的平衡。”换句话说，当应用性思维被认为是平衡的和“在流动中”时，最佳的表演就会到来。

本章探讨了几种情况，并提供了一些建议，帮助你找到自己的应用性思维流程。“人们低估了自己的能力，”塔妮娅说，“但如果要进行考核、表演时，人们实际上是可以做到的。”

引入执行功能

在上一章中，我们回顾了执行功能的心理学概念。我们大脑中的这一特殊而整合的过程有助于建立我们的有用记忆、抑制和自我控制。阿黛尔·戴蒙德是不列颠哥伦比亚大学发展认知神经科学的教授，在她杰出的职业生涯中，她大部分时间都在研究执行功能。阿黛尔在2014年被评为“全球最有影响力的15位神经科学家”之一。正是阿黛尔的研究和对我关于改进建议的询问的回应，让我得出了执行功能对应用性思维的重要性的结论。“一般说来，”阿黛尔说，“为了改进应用性思维，建议开展挑战执行功能和难度不断增加的活动。”

为了更好地运用应用性思维，我们需要改进与我们行为方式相关的行为。要做得更好，我们还需要不断挑战自己。在2014年发表的一篇研究论文中，阿黛尔写道：“最基本的原则是，执行功能是否得到改进取决于花在实践、学习这些技能上的时间，以及推动自己进步的时间。如果参与者不被要求不断改进，而只是简单地继续做容易的事情，那么收效甚微。”

为了改善你的应用性思维，我建议我们引入一些与执行功能松散相关的开放式思维的具体内容。为了更好地展示应用性思维，我们需要利用现有的关于执行功能的研究，并将其与当今的工作环境区分开来。在这个不专注、压力大、疲惫和追求“少花钱多做事”的时代，应用性思维可以通过挑战、磨炼和改进执行功能的4个关键属性而得到提升。他们中的每一个都可以帮助我们改善我们的表现和行动。

- 要用心。记住什么是完成任务的关键和相关因素。
- 要专心。保持灵活性，但专注于具体的行动。
- 要无情。屏蔽掉任何无关的、破坏性的或冲动的东西。
- 要人性化。和与你共事的人、你服务的人共情。

作为一名指挥家，无论是在排练中还是在现场交响乐表演中，塔妮娅都是细心、专注和人性化的。她总是记得自己在作品中的位置，专注于正确的手段以引起乐团的适当反应，屏蔽干扰——哭泣的孩子、舞台上意外烧坏的灯泡或折断的小提琴弦，同时随着音乐的进行与观众和乐团产生共鸣。通过眨眼或微笑，塔尼娅在指挥过程中一直对她所服务的人保持共情。

另一个体现这4种行为的人是安大略湖水源管理公司的创始人兼总裁马克·马特森。在法庭上当了10年律师后，马克创立了一个致力于为子孙后代恢复和保护水域的组织——水域守护者。马克不仅自2001年以来一直担任该组织的总裁，还担任美国和加拿大其他4个节水组织的董事。

如果说马克是一个用心的、专心的、无情的和人性化的人，那就太轻描淡写了。马克说：“我一开始是一名刑事律师，很快就被要求参与那些与环境有关的案件。”垃圾填埋场问题和核电站，以及其他与环境有关的情况，使他引入了一种不同的应用性思维方式。作为一名律师，马克以专业态度面对他试图提起诉讼的环境问题。在他的每一个案件中，都需要处理举证责任。在各种听证会和问询中，他努力打击那些毒害地球的团体。在这样做的过程中，他必须不断地展示执行功能。“我真的相信，”马克说，“如果我们赋予法律以意义和力量，我们就可以拥有适合游泳、饮用的水。”

马克离开了法律界，因为他认识到自己作为一名律师所做的努力虽然卓有成效，但没有产生他想要的影响。几乎每15个他成功辩护并胜诉的案件中，就有另外300个他是无法处理的。更糟糕的是，还有许多他不知道的事情。创建安大略湖水源管理公司使他有机会建立一个由积极分子组成的社区，这些积极分子的目标是，有合适的水域可供人们游泳、饮水和钓鱼。“归根结底，我们在为什么而战？”马克问道，“我一直在努力想办法帮助社区以不同的方式思考和采取不同的行动来使用它们的水域。我必须灵活一点。”

马克在水域守护组织中服务了将近20年，他分析了使他取得成功的行为。“要灵活，与众不同，”他说，“你必须热爱你所做的事情，做好犯错的准备，从中吸取教训，记住你的目标和为什么要这样做。”马克帮助我们认识到，应用性思维不仅仅是关于行动的，它不仅需要完成一项行动的专注力、灵活性和态度，还需要更高目标的开放性。这需要人性化、同理心。

“一旦你对自己的所作所为以及为何而做失去了信心，这一切就结束了。我们在水源管理公司的工作是让人们在湖上钓鱼、游泳、喝新鲜水。我们必须不断地告诉反对者为什么这很重要。如果我们不专注于完成使命——如果我们之间没有这种共同点——我们就完了。这是一场全天候的战斗，我每天都在提醒自己为什么要这么做。”

本章的其余部分将讨论马克和塔妮娅所展示的应用性思维的4个执行功能。接下来的是一项关于如何让你变得更用心、更专心、更无情和更人性化的调查。这4种行为最终会改善你的应用性思维结果，这是开放式思维的最后一个组成部分。

要用心

不同来源的信息不断涌现，这使得许多人很难成功执行。然而，应用性思维要求我们是敏锐且有观察力的。当我们允许溢出的数据淹没我们的大脑时，最终结果是严重的。最终，我们会有记忆困难，这会影响我们的行动。诺贝尔奖获得者、神经学家埃里克·坎德尔在他2006年出版的《追寻记忆的痕迹：新心智科学的开创历程》一书中写道，如果我们要取得成功，我们必须能够应用新信息，并将其“有意义地、系统地与记忆中已有的知识联系起来”。但是，如果我们的大脑信息超载或负担过重，这个过程就会变得困难。

此外，要正确运用应用性思维，我们不仅要回忆发生过的事，更要重新训练自己接受可能发生的事。换句话说，为了完成一项任务，我们的大脑依赖于先前存储的和新近存储的信息。这是用心的行为。例如，当你乘坐电梯时，你知道你必须按一个按钮才能向上或向下。这很容易记住。但是，如果电梯在楼层之间意外停了下来，新的信息就会涌入你的大脑，你必须应对新的情况。要完成到达指定楼层的目标，你必须改变路线，你的行为必须调整，你的行动需要改变。当电梯停下时——在你行动的最初时刻——你不得不面对新的情况并采取不同的方式来完成目标。

虽然电梯的例子可能看起来不够典型，但这样的情况比喻性地帮助我们理解当我们进入开放式思维的行动阶段时会发生什么。简单地说，要有效地实施应用性思维，我们必须牢记有用记忆对于成功完成我们的行动是多么重要。回忆早先发生的事情，并能够与“现在”发生的事情联系起来，这是关键。两者对应用性思维都至关重要。同样重要的是，确定要记住的事情的优先顺序。但是怎么做呢?

一个人不可能记住所有的事情，这是显而易见的。组织中的所有成员也不可能回忆起以前发生过的所有事情。在这两种情况下，如果没有记录有价值的信息，就很难回忆起任何东西。如果你不知道如何借鉴或学习过去的经验，调整你的应用性思维也同样困难。例如，苹果公司雇用了一些人来记录它的历史，从而有可能从它的各种成功和失误中学习。花点时间记录组织的历史是保存过去的一种简单方法。

另一个改善组织记忆的机会是进行事后回顾（After Action Review，AAR）。AAR因被美国军方采用而出名，它允许团队分析之前的项目如何达到或没有达到预期目标。团队记录分析结果，使组织中的其他人能够在其他时间将所学知识应用于不同的项目。苹果公司和美国军方的例子是帮助改善或至少保持组织有用记忆的直接方法。

在TELUS，每年的公司优先事项和战略要务都会在整个组织范围内公布。建立它们这种行为是一回事，但确保超过5万名员工知道它们是另一回事。优先事项和要务可以在TELUS的内部网站上找到，公司的任何人都可以访问该网站，它们也可以以图形、海报或文档的形式下载。许多内部沟通信息中都会提到优先事项和要务，作为全年公司组织目标的提醒，与财务分析师的季度盘点也提供了讨论优先事项和当务之急的机会。TELUS给我们的教训是，它们都是被创造出来的，并且需要不断地在组织中进行交流。这有助于留下组织的有用记忆，减轻了记住公司在给定财政年度试图完成什么任务的负担。当员工能够使用像这样方便的辅助工具时，记忆就会变得容易得多。

从个人的角度来看，我们越多地记录下我们的所思所想，我们的应用性思维就越好。写日记是一个值得考虑的选项。花时间定期记录对当前正在进行的行动和项目的印象、观察和分析，这将在未来的某个时候成为有用的提醒。这是我们早些时候从音乐家戈德·唐尼和乔尔·普拉斯基特那里学到的关于它如何帮助他们进行创造性思维的技巧。当然，为了帮助记住你写下的内容，你应该偶尔复习一下你的笔记，以巩固对已发生事情的记忆。乔治·巴顿将军在“二战”中帮助德国从纳粹手中解放出来，他的黑色皮革笔记本为大家熟知，他会用它记录自己的想法和发生的事情，并在晚上花时间回顾他每天所写的内容。

许多有用的技术也可以用来帮助记忆。我最喜欢的是印象笔记，这是一款基于云计算的笔记应用程序，你可以在任何设备上记录你的想法或观点。作家理查德·马丁在印象笔记上留下他读到的每一本书的痕迹。他抄写段落，记录自己的想法，记下相关网站，并在他的印象笔记图书馆中创建一个指向其他文件的超链接网络。这既是他的研究库，也是他自己写作的灵感来源。生产力应用程序（如Microsoft Office、Google Docs或Apple iWork）一般包含批注功能，你或你的团队成员可以在应用程序中插入备注和反馈。如果你要记住更多需要解决的问题，或者需要回忆团队提供的某些反馈，这会很方便。

夏琳·李是硅谷知名研究顾问公司Altimeter 集团的创始人兼CEO，著有《开放领导力》（*Open Leadership: How Social Technology Can Transform the Way You Lead*）一书，她是领导力、战略、社交技术、互动媒体和营销等领域颇受欢迎的顾问。在创立Altimeter集团之前，夏琳是弗雷斯特研究公司的副总裁兼首席分析师，她的事业一直都是关于人的。夏琳是我在第一本书《扁平军队》中提到的领导者之一。二十多年来，她一直处于能够分析人们及其思维习惯的独特状态。她提醒我们，当涉及应用性思维时设定最后期限的重要性。“最后期限是一种很好的强迫功能。在某些时候，我们必须有所交付，所以，在完成阶段提炼思路，以确保它容易理解，并且观点是清晰的。这就是精心设计语言、意象，特别是情感来使我的观点站得住脚之处。显然，这是通过让听众知道我在努力达到核心目标来实现的。”当我们设定并写下最后期限时，它会提醒人们期望我们做什么。通过简单的抄写，最后期限的书面形式可以减轻你大脑的认知负荷。奥克兰的一位顾问罗汉·莱特鼓励人们“随时准备总结一个想法的核心，知道何时应该承认认知缺陷”。

想想婚礼当天的安排，以及对个人来说它所代表的重要的最后期限。如果一对即将结婚的新人决定举行一场传统的婚礼，他们知道与这个大日子相关的所有行动——确定宾客名单、地点、食物、音乐等——必须在婚礼之前完成。想象一下，如果没有最后期限，那会有多大的压力？这听起来有多可笑？想象一下，如果由于认知缺陷，他们不知道需要采取什么行动，情况会如何？你在应用性思维中的行为也是如此。如果你不为你确定的目标设定最后期限，那么要记住在给定的时间应该采取什么行动就会变得非常困难。因此，为任何项目设定最后期限并建立行动清单是明智的。

当你最终开始为婚礼做这些动作——或者任何与工作项目相关的事情时——如果你想拥有可靠的记忆，最好不要一心多用。同时处理多项任务会对你的记忆力和应用性思维产生不利影响。在同时处理多项任务时，你的应激激素皮质醇的分泌增加，此外，你体内的肾上腺素会升高，从而引发“是战还是逃”的矛盾。总而言之，肾上腺素和皮质醇水平的增加会导致我们的大脑变得不清醒。当这种情况发生时，回忆信息就会明显变得更加困难。记忆力逐渐减弱。同时处理多项任务还会减少我们成功运用应用性思维的尝试，因为它会导致过重的认知负荷，即我们的大脑处理信息所需的脑力会不堪重负。当认知负荷较高时，会对信息加工能力产生负面影响。当我们不能处理信息时，再加上现在笼罩着大脑的“迷雾”，我们就无法正确地记忆。我们不再专注。

为了对抗一心多用、提高你的记忆力，我们需要重新思考我们的行为方式。特别是，应该分析专注的模式。亚当·格兰特说：“要达到巅峰水平，你需要长时间地工作，全神贯注于一项任务，不受干扰。”在第三章中，我介绍了卡尔·纽波特的这项重要研究。他推荐了一种他称之为“深度工作”的方法，即人们应该将长时间、集中精力投入行动中。在某种程度上，这是为了对抗另一个影响记忆中的术语“注意力残留”。

这个词来自2009年苏菲·勒罗伊写的一篇研究论文《组织行为和人类决策过程》。注意力残留是指从一个任务切换到另一个任务所产生的残留负面效应。从本质上讲，就是一心多用。她写道：“在切换任务后出现注意力残留的人很可能在下一项任务中表现不佳。”当你同时处理多项任务时——不管你对自己说什么——你的表现会变差。你的应用性思维最终会受到影响。

怎么办呢？分配必要的时间专门用于执行单个操作。尽最大努力让自己全身心地投入“一次完成一项任务”中去。你应该想办法让自己集中精力。无论是在你的日程表上划分时间，还是通过重新训练你的大脑以避免落入分心的陷阱，记住是要“深度工作”。你应该成为一个反对一心多用的人。

作为一个组织的领导者，可能要考虑实施学习计划，帮助员工认识到记忆的极端重要性和同时处理多项任务的危险。要考虑的其他选项包括在整个组织范围内减少会议、电话、电子邮件和短信。员工越是被要求应对沟通中断，他们就越会被迫同时处理多项任务。允许员工把时间和精力集中在单一任务上也会有所帮助。最后，当员工可以将注意力集中到一项行动上时，他们的记忆能力就会增强，他们就更有可能按时完成行动本身。

用心、灵活、专注

当我们采取行动时，用心、灵活和专注是很重要的。这样做，我们是能够完成任务的，但我们会根据情况进行调整。需求、优先顺序和情况都会发生变化，这是意料之中的。因此，在必要时，若要达到目标，我们的应用性思维需要迅速改变方向。固守教条的效果就像用餐叉铲雪。忽视改变的需要，或者仅仅为了赶上最后期限就固执己见，对任何人来说都是没有用的。如果有新消息出现，我们有义务予以应对。简而言之，随着情况的变化，我们的应用性思维也必须转变。关键是要保持专注，这样我们才能尽快回到正轨。

克里斯·迈尔斯是BodeTree的联合创始人兼CEO，BodeTree是一家为小企业提供财务管理解决方案的美国公司。克里斯推荐一种叫作“反思性紧迫感”的方法，这是他个人对保持灵活性和专注力的态度。他说，反思性紧迫感是有意识地、迅速地思考当前的资源、优先事项和需求的能力。在试图找到“通向当前最重要优先事项的最直接途径”的过程中，克里斯利用他过去的经验来帮助他目前的行动。此外，他仍然保持足够的灵活性，可以根据情况调整他的应用性思维。作家杰西·索斯特林在发表于2017年《哈佛商业评论》的一篇文章中将反思性紧迫感称为“有意识地、快速地反思当下的优先事项——让你的最佳思维与最迅速的行动相一致的能力。”正是这种在行动和保持灵活性之间的平衡，可以给开放式思维带来令人难以置信的好处。

例如，想象一下，你独自一人在加拿大最高的洛根山山顶附近时，一系列地震来袭击。你的计划是到达山顶，但地震引发了一系列雪崩，继续下去会很危险。你现在被困在海拔3700米高的地方，带着你的补给袋、一部卫星电话，还有你剩下的所有智慧。你不能爬到6000米高的山顶，更糟糕的是，你也不能下山。形势严峻。你独自一人，希望能获救。

这正是阿根廷登山运动员娜塔莉亚·马丁内斯曾面对的情景。2017年5月，这位37岁的登山者独自攀登洛根山时，刚过山腰，就发生了一系列地震。作为一名经验丰富的登山者，她知道她这次无法达到她的目标了，与此同时，她的目标从攀登变成了求生。如果既没有灵活性又没有专注力，娜塔莉亚就会有生命危险。她需要将新的想法付诸行动，从一种解决问题的形式转换到另一种形式。

暴风雪导致任何直升机都无法登上洛根山，能见度十分有限。娜塔莉亚知道，她可能要几个小时甚至几天才能获救。求生模式启动了。“我不得不不停地喝酒、吃东西、换帐篷、筑墙御风。”她说。娜塔莉亚知道，如果她不继续专注于新的目标——活到救援队出现的时刻，她的生命可能会结束。在远低于零度的气温下，在刮倒树木的狂风中，娜塔莉亚的认知灵活性比她生命中的任何其他时刻都更加必要。

她的经历也突显了毅力的重要性。在应用性思维过程中保持灵活而专注需要坚持。不管你是必须改变方向——就像娜塔莉亚那样——还是按原计划继续前进，应用性思维都需要一种决心才能让你取得成功。作家安吉拉·达克沃斯称之为坚毅。在她2016年出版的同名著作中，她写道：“坚毅就是一步一步往前走。坚毅就是坚持一个有趣而有目的的目标。坚毅就是日复一日、年复一年地投入富有挑战性的实践中。坚毅就是跌倒七次，爬起来八次。”

当娜塔莉亚开始挖掘她的毅力和沙砾蓄水池时，她已经在山上待了3天了。她说：“救援队到达前的最后一天，我的心一直在折磨我。我想向自己证明我可以做到。这对我来说是个挑战。我对每一种声音都更加敏感。我对一切危险都很警觉。我必须保持专注。”救援队花了四天时间才到达纳塔莉亚在山上的位置。这个故事有一个圆满的结局，部分原因是娜塔莉亚表现出了认知的灵活性。她的适应能力，加上她的决心，确保了她能成功离开洛根山。当获救后被问及生存技能时，她回答说：“现在我知道我可以做到了。”当我们进入开放式思维的应用性思维阶段时，这对我们所有人来说都是很好的一堂课。保持灵活性，坚毅，专注。一定要全神贯注。

说到灵活而专注，多米尼克·里德坚持认为，我们应该通过情感投资来抵消对按时和按预算完成项目的要求。他说：“如果我的活动不能提供良好的娱乐性，那就完全失去了意义。你必须对自己和员工的能力有信心，知道你可以按时、按预算完成任务，但我们也必须问问自己，‘我们想要实现什么目标？’”多米尼克寻找能够让行动和情感达到平衡的点点滴滴。这确保了任务的完成，但它们是以一种充满激情和团队协作的方式完成的。这使得灵活性与持续关注相结合。在他看来，改变方向的灵活性取决于团队的文化。

“这两者之间的相互作用很重要，”他继续说，“不管你开始时的计划是什么，请相信，在你执行的过程中，它是会发生改变的。但是，当人们有了参与感、协作感和乐趣感时，当他们知道不必抗拒，他们可以在那一刻灵活应变时，就会出现你希望看到的结果。”多米尼克认为，在他所经营的活动中，他扮演了一个乐团指挥的角色。就像塔妮娅·米勒一样，多米尼克认识到，在活动期间有很多“匆忙”的时刻，但正是之前建立的关系和信任让结果得以实现。“你必须相信人们能够解决任何可能出现的问题。”他说，“这些关系的力量非常强大。很多人会过度设计一些事情，过于专注而缺乏灵活性。有时候你只要让它稍微摇摆一下，事情就会有好的结果。”

在灵活而专注的执行功能中发现的另一个强大的应用性思维属性是，不仅承认错误，而且采取措施尽可能努力地纠正错误。这也将消除思维僵化和认知偏差出现的机会。在执行的过程中，并非一切都会按计划进行。如何处理这种情况是关键，在某个问题上纠缠不休的话肯定会错过最后期限；完全忽视已知的事故则是另一回事；责怪他人会导致团队出现裂痕，导致更少的认同和可能的延误。失误和误会时有发生，它们是不可避免的。我们每个人都需要接受这个事实。保持冷静而又灵活将有助于确保应用性思维的成功。我想起了奥利弗·戈德史密斯的话，他在1761年说过："我们最大的荣耀不在于从不失败，而在于每次跌倒后都能站起来。"

经济学家兼记者蒂姆·哈福德在他的著作《试错力：创新如何从无到有》中写到了失败的重要性，以及纠正这些错误是如何导致一种权利状态的。"接受在日常生活中试错的想法，似乎就是接受跌跌撞撞进入一个不断失败的过程中。所以我们应该再一次记住为什么值得尝试，尽管很多尝试都会以失败告终。因为改正错误的过程可能比错误本身更容易被打破，虽然当时我们常常觉得事实恰恰相反。"哈福德提醒我们，即使在表演的那一刻，一个失误或误会也可能带来更好的结果。它甚至可能使应用性思维达到更好的最终状态。

冷酷无情，与世隔绝

约翰·达拉·科斯塔是道德导向中心（Centre For Ethical Orientation）的创始人，这是一家致力于培养卓越道德的咨询公司。他与世界各地的私人、公共和非营利组织合作，开展涉及管理创新、文化更新和信任的项目。他写了5本关于责任管理和个人诚信的书。约翰还定期在几所大学的商学院及加拿大企业联合会任教。我听约翰在一次会议上讲到道德领导的美德及其如何有利于企业，于是找他讨论开放式思维，希望他能协助我进行研究。他没有让我失望。

我这样做的原因很简单。当约翰谈到我们如何管理日常生活的各个方面时，他关于个人诚信的看法引起了我的共鸣。随着社会的不断变化，约翰在研究我们是否有能力专注于真正重要的事情时获得了一些耐人寻味的见解。“我们给高管、经理或一线员工多少时间来思考？”他问，“我不相信如果不停止那些会让人分心的事情就能进行认真的思考。忙碌已经成为荣誉的标志，更多的是身份的象征，而不是洞察力甚至生产力的象征。在社交场合中，我们通常是通过自己所从事的工作被介绍给别人的，更有甚者，我们越来越多地被职业或专业所定义，因此会把更多的个人价值与所从事的工作不可避免地联系在一起。”

如果我们的忙碌定义了我们是谁，我们怎么才能排除那些无关紧要或具有破坏性的东西呢？如果我们允许任何或所有行动侵入我们的时间表，就不可能优先考虑关键行动。换句话说，如果我们被不重要和不紧急的事情消耗得太多，我们怎么能把事情做完呢？此外，如果我们不进行抑制性的自我控制——从而拒绝任何无关紧要的冲动——我们怎么能保持专注来完成我们的行动呢？之前的执行功能探讨了用心、灵活和专注的概念，如果我们没有自制力，那么用心、灵活和专注的机会就变得毫无意义了。我们必须排除无关紧要的事情。

约翰认为，基于我们忙碌程度的增加，我们的注意力见缺，这在一定程度上是因为我们触手可及的技术。“我们的参与能力是全天候的，”他描述道，“信息的流动是即时的，并且呈指数级增长。”他认为，设定固定工作日和有效工作时间的概念本身就是不合时宜的。正如这种令人难以置信的技术在20世纪90年代初出现一样，各公司也采用了基于流程再造的新结构。这些变化使得管理层和原有的某些工种消失了，许多企业的工作环境及之前采用的规则都不得不面临调整。然而，许多人在忙碌中投入了太多情感，以至于关闭过度投入的活动可能会释放出长期回避的身份感、真实性、意义和目的性等问题。正是这种朝向忙碌的拉力变得如此强大，最终会分散我们对生活中存在的问题的注意力。约翰指出，我们全神贯注于“该做什么”，而最终忘记了更大的问题：“为什么”和“值得吗”。

约翰的见解又一次把我带回了我的第二本书《目标效应》。当我们无法排除干扰或忙碌时，不仅会阻碍我们的应用性思维，还会影响我所说的“个人目的”。如果没有时间真正培养我们的技能、激情和兴趣，我们就会停滞不前。由于注意力不集中，无法理解什么才是真正重要的，我们放弃了确定我们短期和长期目标的机会。我们太过沉迷于不需要用脑的信息，以至于无法决定我们想要如何出现在一个房间里，我们希望人们在我们离开房间时有什么感觉。在《目标效应》一书中我写道，如果我们想要实现在生活中获得意义，我们就必须发展、定义和决定我们的个人目标。正如约翰所说，如果我们全神贯注于所做的事情，我们最终会忽略为什么做这些事。当我们试图推进我们的应用性思维行动时，我们也需要明确我们的个人目标。如果我们不知道我们的个人目标是什么，那就难怪我们会用空洞的内容来填补空白。我们最终用太多不合适的东西取代了“为什么”。

除了与个人目的有关，这些忙碌、分心和干扰的问题也不是什么新鲜事。事实上，管理大师彼得·德鲁克在他1967年出版的《卓有成效的管理者》一书中写道：“要想做到高效，每个知识型员工，尤其是每个高管，都需要把时间分配成大块。即使总时长很可观，但他可以支配的时间过于零碎也是不行的。”长袜子皮皮可能会同意这一点。

记住，她从未成为时间的奴隶，她以自己的方式去探索它，并对此负责。今天，也有一些人同意德鲁克和皮皮的观点。例如，财捷集团的CEO布拉德·史密斯说:“时间是我们最宝贵也是最有限的资源，因此管理我的时间是我最重要的优先事项。”

技术专家兼作家亚历山德拉·塞缪尔说:“你的目标应该是对你收到的信息进行分类和限制，并简化阅读、回复和分享重要信息的工作。”塞缪尔指的是过滤行为。就像史密斯认识到时间的重要性一样，塞缪尔建议过滤无穷无尽的、不可避免的大量信息、数据和内容，这些信息、数据和内容不可避免地会传给你。通过过滤信息噪音——通过规则、关闭通知提醒和各种自动化技术等——你可以从看似不可避免的时间侵占中获得喘息的机会。

当我们不能集中精力完成我们的关键行动时，我们就会忽视什么是优先事项。忙碌的追求会耗尽我们的时间来完成重要的事情。也就是说，如果采取不理想行动的诱惑妨碍了我们实施应用性思维的能力，那么毫无疑问，失败将随之而来。通过他的研究，约翰认为我们已经转向重视数量而不是质量，以及“在社会和经济可持续性方面的短期满足感而不是长期投资”。由于这种忙于无助于应用性思维的事情的强烈倾向，约翰认为我们正在浪费发挥自身更大潜力的机会。无情就是要做到无情地将相关性和无关性分开。

对于个人来说，我见过的与成功人士共事的最简单、最常见的补救办法是说“不”。第一个要说“不”的对象其实是你自己。你对自己说“不”越自在，你就越有可能在应用性思维方面取得成功。要问自己的问题类型包括但不限于:

- 我应该接听那个电话吗?
- 我可以取消或跳过此会议吗?
- 这个最后期限能推迟吗?
- 我现在应该查看我的社交媒体信息吗?

一旦你意识到自己是屏蔽干扰的第一道防线，你就会有更多的时间运用应用性思维。第二步是对别人说“不”，特别是对他们占用你时间的要求说“不”。相反，如果你对那些最终让你的行为面临风险的请求说“是”，那么你的忙碌就会影响应用性思维。当我们说“是”的次数多于说“不”的次数时，就会出现忙碌。对别人说“不”可能很难，因为我们不想让人们失望。它让我想起了一种我称之为“软肩”的东西。

有一天，一位主管就一个工作上的问题向我征求意见。他在一间开放式办公室工作，大多数团队成员都在他所在的区域内和周围工作，还有些团队成员则在不同的城市在家办公。办公室职员有桌子、椅子、文件柜等，每个人都能听到彼此的谈话，因为每个工位之间的隔板都是用薄的亚克力材料制成的。在团队区域的中间是一个公共空间，有一张大桌子和几把椅子。这位主管正在寻求帮助，因为自从团队搬到开放式办公室环境以来——大约6个月前——他觉得自己的工作似乎受到了影响。为了融入团队，他放弃了四面围墙的办公室，他觉得自己的领导能力正在减弱，尤其是他的应用性思维受到了影响。

我们就开放式办公室的利弊谈过几次，我们讨论了各种改进策略。但在我们前两次谈话中，有一个问题他没有提到——他的上司。

在向新的工作区过渡期间，这位主管的上司换成了一位新的直属经理，他在同一座大楼里工作，但作为副总裁，他拥有一间独立的办公室。他没有放弃他一直努力的目标：一间别致的专属办公室，外面坐着一名行政助理。

虽然这位主管在适应新环境方面有困难，但与真正的问题相比就显得微不足道了。他的副总裁养成了一种习惯，就是出现在主管的办公区域，坐在旁边的椅子上畅所欲言，这可能发生在清晨、午餐后，或者一天快结束的时候。没有固定的模式，但很明显，副总裁把这位主管当作他即兴演讲的听众。一方面，行为是积极的，副总裁很乐意与主管接触，讨论各种问题；另一方面，这些一时兴起的会议不仅给主管带来了压力，还对他完成工作任务产生了负面影响。

这位主管表现出了“软肩”。一部分出于尊重，一部分出于好奇，一部分出于内疚，主管没有勇气说“不”。他允许副总裁的即兴会议继续进行，结果导致了自己的忙碌。主管的“软肩”让副总裁得到了他想要的东西——有人倾听他，但这显然对主管的应用性思维产生了不利影响。有了这个发现之后，我问主管，他是否可以根据自己的情况改变一件事——他的办公桌位置，开放式办公环境，或者这些可以避免临时忙碌的因素。当我以这种方式向他提出来时，他很容易就认识到了问题的症结所在。这是因为主管不能对他的副总裁说“不”。

我们制定了一些解决方案的策略，但第一步是关于诚实。如果我们不诚实地对待自己的时间，应用性思维就会受到限制。如果我们不学会对我们的时间要求说“不”，我们只能怪自己。主管决定与副总裁就他们的工作关系进行一次坦诚的谈话。正如我预料的那样，副总裁没有恶意，也没有意识到他正在产生的不利影响。他们同意将这类谈话安排到他们的早餐、咖啡会议或午餐时间。这样，副总裁继续做他想做的，主管也能够适当地安排这些会议的时间。

这个例子提醒我们，如果我们想要控制自己的行为，就必须控制自己的忙碌。我们必须有勇气说“不”，从而排除干扰的过程。组织可以通过在开发计划中包括此类时间管理或行为增强策略来提供帮助。领导者还应该对他们对同事提出的时间要求表示支持。在副总裁的例子中，如果他更多地意识到自己的行为会产生适得其反的效果，他可能根本就不会做出影响主管的行为。

组织还可以通过另一种方式帮助员工履行无情和封闭的执行功能。留出时间以确保员工尽可能保持一致，充分意识到组织的使命和当前状态，这是很有帮助的。当员工想知道他们做出某种行为的理由，或者对组织的目标感到困惑时，这就留下了分散注意力的空间。当然，这与我们前面讨论的“专注”这一执行功能很好地结合在一起。

当试图让整个团队专注于手头的任务时，萨米尔·帕特尔喜欢通过向员工展示企业的当前和未来状态来排除干扰。例如，在每次全体会议上，萨米尔都以相同的演示幻灯片开始。“这是我们现在的状态，这是我们想要达到的状态，这是理想的状态。”换句话说，萨米尔的组织焦点促使员工认识到他们处于哪种状态，而不仅仅是他们在做什么。这确保了每个人都知道他们是如何行动的，除了公司目标的抱负方面，还有什么需要实现。萨米尔正是通过采取这样积极的步骤来屏蔽任何与他们的任务和目标无关或分散注意力的事情的。这种强化的一致性否定了员工对企业状态的质疑，使他们继续安心地投入工作。

我们在前文中提到的另一位CEO布莱恩·斯库达莫尔和萨米尔有同样的感受。布莱恩说:“我们对我们的会议非常严格，以确保我们作为一家公司保持正常运行。每个月我们都会召开一次五人战略会议，就我们的战略方向、手头的问题以及我们必须采取的行动进行大量讨论。我们还每周召开一次规模更大的领导小组会议。这些会议也是非常集中的会议，以确保我们作为一个组织处于正轨上，我们的应用性思维不会受到其他问题或干扰的影响。”

布莱恩经营的O2E 品牌集团每天上午11点也会进行7分钟的短会，和所有员工一起。这些短会的目的是分享什么是有效的，什么可能无效。真正的目的是帮助每个人完成工作。“这是一种将所有才华横溢的人聚集在一个房间里，分享我们最新的想法和行动的方式，”布莱恩说，“最重要的是，确保我们所有人都在日常行动中和战略保持一致。”布莱恩认为，这种一致性是组织成功的核心。它创造了一个环境，在这个环境中，O2E品牌及其子公司能够排除干扰，这反过来又有助于实现组织的目标。

保持人性化和同理心

在《扁平军队》一书中，我介绍了15种“连接型领导属性”，这些行为构成了我所谓的“开放式领导”。我将后者定义为“通过吸引他人来影响并执行一个协调和谐的结论的行为”。开放式领导的15个属性之一就是同理心。通过在撰写本书时所做的研究、采访和观察，我发现，开放式领导不仅需要同理心，而且开放式思维也是至关重要的。开放式领导和开放式思维都需要对他人有更好的理解、欣赏和敏感度。当我们有同理心时，我们会否定封闭的心态。缺乏同情心会影响应用性思维。我们必须记住，"人"这个词牢牢地嵌套在"人性化"之中。

同理心和更人性化的行为是构成应用性思维的4个执行功能中的最后一个。当我们在执行过程中展示自己的观点或设身处地为他人着想时，成功的可能性就更大了。通过同理心，在你完成目标的同时，你也在照顾那些与你共事的人，以及那些你可能正在服务的人。当我们感同身受时，我们会观察到可能影响我们想要的结果的模式。一个富有同理心的应用性思维者不仅关注自己实现目标所需要的东西，而且关注利益相关者的需求和感受。

在2001年《哈佛商业评论》的一篇题为"战区领导力"的文章中，威廉·帕格尼斯中将指出："掌握事实是领导力的先决条件。但有数以百万计的技术官僚在阐述着大量事实，几乎没有领导潜力。在许多情况下，他们缺少的是同理心。没有人是不能设身处地为他人着想的领导者。"帕格尼斯是1991年海湾战争期间的后勤主管，需要大规模地运用应用性思维。虽然帕格尼斯的观点被很好地采纳，但同理心远远不止设身处地为他人着想。事实上，有3种关键的同理心可以改变应用性思维。

在2012年发表于《自然神经科学》上的一篇论文中，哥伦比亚大学心理学家贾米尔·扎基和凯文·奥克斯纳用3种不同的方式定义了同理心：心智化是指我们如何明确地考虑和理解别人的"状态和来源"；经验分享是指我们间接地分享"目标的内在状态"；第三种类型的同理心是亲社会关怀，是我们表达“改善目标体验的动机”。

当你进入应用性思维的时候，重要的是要理解这3种类型的同理心可以帮助你达到哪一种期望的目标。虽然扎基和奥克斯纳的定义在学术上是合理的，但我们可以自由地把它们提炼成外行语言：理性同理心、情感同理心和同情同理心。

理性同理心是你感知他人是如何看待世界的过程，或者他们可能是如何从理智上感知某件事的过程。从本质上说，它会让你进入别人的大脑空间。与试图理解他人的感受相反，你探寻他们的心理观点，了解他们可能是如何解读某种情况的。想象你在一个团队中，进入应用性思维，启动各种任务。当你能够假设团队中的某个人对新信息可能会有什么样的心理反应时——基于他们知道的，甚至他们可能不知道的——你就可以预测你可能会如何处理事情。如果需要调整方向，拥有预见人们处理变化的方式的能力可以极大地影响你的成功。

当我们能够感受到他人的痛苦时，情感同理心就产生了。这可能是同理心最广为人知和最常用的定义，这是你对他人关切的敏感。我们能够将自己置于他人的角度，感受他们的快乐或痛苦，它不同于理性同理心，因为你是在感受别人的感受，而不是他们的想法。情感同理心也可以被认为是与他人建立融洽关系的桥梁。通常，与应用性思维相关的行动需要他人的帮助。如果我们没有能力与我们团队中的人或我们要服务的人建立融洽的关系，那么顺利进行的可能性会降低。

同情同理心是当我们观察他人足够多的时候，我们就会有动力采取行动。我相信它提供了理解同理心本身及其与应用性思维的关系的关键。也许你团队中的某个人似乎受到了胁迫，他们的工作受到了影响，你一直在观察他们的行为（他们的感受）和反应（他们的想法）。如果你运用同情同理心，你就会采取行动帮助那个人摆脱困境。这是意识到——无论是理性的还是感性的——和采取行动之间的区别。

这3种同理心对应用性思维都很重要，它们中的每一个都能让你在采取行动时更加人性化。包含换位思考、情感理解和行动意愿的行为可以改善我们的表现和应用性思维。无论你是在当前行动的执行过程中还是在以后的某个时刻需要他人的帮助，你对同理心的理解都会起到非常重要的作用。

以微软公司2016年推出的人工智能机器人Tay为例，这是一款托管在Twitter账户上的人工智能机器人。在发布的几个小时内，由于黑客的协同攻击，这个机器人变得非常粗鲁。泰Tay开始发表亵渎和种族主义的言论，包括否认曾经发生过大屠杀。全世界对它开始传播的尖刻仇恨感到震惊。微软公司被迫公开道歉，相关责任团队则陷入了客户关系的噩梦。发布仅16小时后，Tay就被下线了。

Tay实际上是小冰的后代，小冰是微软公司开发的聊天机器人，在中国和日本拥有超过4000万用户。微软公司CEO萨提亚·纳德拉在Tay事件发生几天后开始介入。纳德拉没有斥责负责Tay的团队，而是选择了同理心路线。事实上，在处理这种情况时，他依赖于这3种类型的同理心。纳德拉设身处地为开发人员着想，了解他们的想法和感受，并采取了人性化的行动。他直接写信给Tay项目的开发人员。

在一封电子邮件中，他说："继续努力，要知道我和你们在一起。"他继续提醒他们，"关键是要不断学习和提高。"事件发生后不久，纳德拉在接受《今日美国》采访时说："领导者不能吓坏员工，而是要给他们提供空中掩护，以解决真正的问题，这一点非常关键。如果人们出于恐惧行事，就很难或不可能真正推动任何创新。"纳德拉直击问题的核心。如果我们在应用性思维中不表现出这3种类型的同理心，我们的生产力将不可避免地下降。自从Tay事件以来，微软公司一直通过像Tay这样的机器人来推动技术进步。在Tay之后不久，微软公司于2016年推出机器人开发框架，目前已有超过13万名开发人员使用该框架。

密歇根大学同理心实验室教授简・达顿支持纳德拉在微软处理这种情况的方式。达顿的研究表明，当一位领导者对员工表现出同理心时——当事情不顺利时表现出同情心——员工在面临挑战的时候会更具弹性。尽管遭遇挫折，目标最终还是得到了巩固。这是同理心水平如何对应用性思维产生积极影响的另一个例子。

此外，理查德・博亚齐斯和安吉拉・帕萨雷利教授以及克利夫兰诊所的医生迈克尔・菲利普斯、马克・洛、凯瑟琳・科尼格、布莱西・马修斯和杰米・斯托勒于2012年发表在《领导力季刊》（Leadership Quarterly）上的一项研究证明，当人们彼此缺乏同理心时，我们的大脑往往会表现出负面情绪，导致回避或冷漠的行为。在2012年《艾维商业杂志》（Ivey Business Journal）上发表的一篇文章中，首席研究员理查德・博亚齐斯写道：

为了建立更有效的领导关系，并帮助其他人感到有动力和灵感去改变、学习和发展，领导者需要有同理心。除了感觉自己被理解，人们还需要感觉到领导"关心"他们。这个过程的一个基本组成部分很可能是领导者有能力暂停自己的问题和议程，并理解他人的问题、想法和感受。也就是说，具有一种更真实的同理心。

2007年，创新领导力中心（CCL）分析了来自38个不同国家的6000多名经理的数据发现，“同理心与工作表现呈正相关。那些对直接下属表现出更多同理心的管理者在工作中表现得更好”。另一家名为发展维度国际（DDI）的公司分析了18个国家/地区的300家公司超过15 000名员工的行为，数据跨度为10年，其于2016年发表的研究结果支持了在应用性思维阶段展现出3种同理心的必要性的结论。DDI发现，同理心是影响整体绩效最关键的驱动因素。事实上，这家研究与开发公司发现，那些持续使用同理心的人的绩效比不使用同理心的人高出40%。研究表明，没有其他任何一种领导技能比这更重要，然而，在今天的文化中，同理心已经濒临消亡。“我认为这是我们这个时代最危险的全球趋势之一。”DDI高级研究助理、该研究报告的合著者里奇·韦林斯说。

我同意韦林斯的观点。警钟应该响了。人们的同理心水平在下降。当同理心水平下降时，我们的应用性思维也会受到影响，这并不奇怪。密歇根大学研究人员莎拉·康诺利、爱德华·奥布莱恩和柯特妮·辛在2011年发表了一篇论文，题为“美国大学生同理心趋势变化”，该论文指出，与30年前相比，大学生表现出同理心的可能性降低了40%。DDI发现，只有40%的一线员工具有较高水平且经常表现出的同理心。根据我的经验，我发现项目偏离轨道的主要原因之一是缺乏同理心、不够人性化。很多时候，当领导者和团队成员都错过了换位思考的机会时——从视角、情感和同理心的角度去接受——抑制因素就开始堆积起来。这种堆积就会导致应用性思维问题的出现。

鲨鱼体育娱乐公司联席总裁、负责监管国家曲棍球联盟圣何塞鲨鱼队的乔纳森·贝切尔说："人们和企业都在推行'行动偏见'的理念。"乔纳森提到的这种偏见——在前文中介绍过——会影响同理心。它也会伤害应用性思维。乔纳森接着说："人们的口头禅是：'在商业中，速度很重要。'许多决策和行动都是可逆的，不需要广泛研究。但是，对行动的无差别偏见可能导致行为失调。"作家利兹·怀斯曼称这些意外的减少者为"快速反应者"。通过快速解决问题（通常不一是他们直接负责的问题），他们限制了组织的扩张能力。如果没有理性、情感或同情的同理心，我们可能把自己和那些被我们引导至应用性思维的人置于不必要的快速之中。缺乏同理心可能危及总体目标。

丹尼尔·卢贝茨基是休闲食品公司KIND的CEO。他是美国的墨西哥移民，是大屠杀幸存者的儿子。在唐纳德·特朗普赢得总统大选的当晚，卢贝茨基担心他的第二祖国的状况，他在发给所有KIND员工的一封电子邮件中提到了同理心的困难：

我过去曾强调过，同理心和善良常常被与软弱混为一谈。事实上，善良是需要力量的，特别是当我们感到最脆弱的时候。与"他者"共情需要极大的自信，才能让自己从容地站在一个你非常不同意的人的立场上。

共情是很难的。在匆忙采取行动之前，要停下来通过别人的视角看问题，这需要付出很大的努力。要做到不偏不倚就更难了。在应用性思维过程中，我们必须不断地通过与我们共事的人或我们为之服务的人的眼睛来看待我们面临的复杂情况。那些拥有杰出的应用性思维能力的人一直在想，成为他们的同事、老板、合作伙伴、客户等是什么感觉。他们在想什么？他们有什么感觉？我是不是应该因此而跳出来改弦易辙呢?

我们将用作家丹尼尔·平克在接受奥普拉·温弗瑞采访时说的几句名言来结束通过同理心变得更人性化的概念。“同理心是站在别人的主场上，用他的心去感受，用他的眼睛去看。同理心很难外包和自动化，但会让世界变得更美好。”

女帽店的启示

“我一直在思考，”卡琳说，“这是一种必要的素质，但我会不断地检查和温习我的笔记，每走一步都是这样。只有当我把两者结合起来的时候，才能把它做好。”

当我在利利普特女帽店观察卡琳和她的团队制作帽子时，我发现她对生产过程的描述非常准确。在应用性思维阶段，他们不仅记住与制帽有关的东西，还常常参考手写的笔记以及彼此之间的关系。与此同时，当他们在蒸制、缝纫、润湿、测量、素描或雕刻时，他们的专注力令人难以置信。

你也可以感觉到他们的手艺和他们选择的职业中有一种使命感。这不仅体现在他们的微笑中，也体现在他们参与的方式上。在我看来，这家女帽店显然充满了同理心。店员对彼此都很友善。虽然每顶帽子的制作都有最后期限，因此他们的行为需要一定程度的无情，但很明显，他们也相互支持。无论是建议使用丝带或羽毛，还是询问是否有人需要使用蒸笼，利利普特团队总是相互照顾。通过使用彼此的笔记，他们保持灵活而专注，在表现出同理心的同时排除干扰，利利普特团队能够在三到四天的期限内完成每顶帽子的制作。在我看来，他们是展示应用性思维方方面面的一个极好的例子。

适用于个体的思维技巧

- 像大师一样行事。如同在指挥乐团时会遇到打嗝一样，应用性思维也会遇到干扰，你的灵活性越强，你的指挥就越成功。试着“顺其自然”。

- 要有同理心。要人性化。当你运用理性的、情感的和同情的同理心时，你就会获得他人的信任和支持，这是按时完成目标、消除压力的关键。事实证明，同理心也能提高你的个人绩效。

- 要有条理。对于任何员工来说，时间都是最宝贵的资源。你需要建立一个时间管理系统，为提高工作效率留出时间，并提供捕捉想法和记录进度的方法。

适用于组织的思维技巧

- 要冷静地看待长期问题。你的组织必须不仅仅是一个只会行动和完成任务的工厂。着眼于长远，问一问今天的行为会如何影响你的总体目标和未来。

- 对短期保持警惕。一个组织的自然倾向是专注于短期行动。要做到这一点，它需要在组织层面建立更好的指导方针，包括会议和日程表、优先顺序建议以及时间管理实践和程序。

- 对错误采取务实态度。事情会出问题，会发生故障，甚至会失败。一个组织的应用性思维模式取决于它对上述问题的反应。创造一种灵活、宽容、不断学习的文化，而不是僵化、不宽容、以固定思维运作的文化。

第五章

开放式思维

重新思考

> 思想是行动的种子，行动是思想的第二种形式，就像思想是行动的第一种形式一样。
>
> ——拉尔夫·瓦尔多·爱默生
>
> 我们文化的问题之一是我们不尊重、不培养想象力。它需要锻炼，需要练习。
>
> ——乌苏拉·K.勒金

彼得·吉尔摩是世界知名的澳大利亚行政主厨。他在这个国家最著名的两家餐厅工作：位于悉尼环形码头的Quay餐厅和位于悉尼歌剧院的Bennelong餐厅，它们都获得了多个国内和国际奖项。从很小的时候起，彼得就喜欢烹饪。他甚至在16岁的时候就开始了他的第一个学徒生涯。彼得是一个天生的合作者，经常与小农户和当地渔民合作，新鲜的食材为他的菜单带来上乘的口味。作为一个充满激情的厨师，彼得确保他的盘子里充满了直接来自大地的各种颜色、味道和质地。他把他的菜肴称为“受自然启发的食物”。在参观过这两家餐厅几次之后，我想知道彼得是如何在创造性思维、批判性思维和应用性思维之间运作的。

他说：“作为一名厨师，我的角色是多方面的，有很多实际问题，也有创造的需要和愿望。”彼得在他职业生涯的早期就认识到，要想取得成功，他必须花时间在所有三类开放式思维上。但评判任何一位厨师是否成功都只取决于他们的菜肴（梦想）和他们如何向顾客展示（决策和行动）。彼得的见解进一步阐明了我们需要在开放式思维的各个类别中不断循环。他的故事是开启本书最后一章的完美方式。

“当创造一道新的菜式时，起点总是关于创造性的想象，梦想出一道新菜。”彼得说。他的方法包括不用某些实用性来约束他的思想。从本质上说，彼得不想陷入困境。但是，在创造性思维中，彼得也知道最终结果必须是可行的。“这种思维必须有一些现实的指导方针。”我从彼得那里得到的信息是，创造性思维很重要，但它也必须是实用的。正如前文中介绍的优柔寡断这种思维抑制剂，如果我们花了太多的时间思考而不务实，我们最终将一事无成。思考和行动之间的平衡是彼得成功的关键。

他是怎么想出新菜式的创意的？他说：“一般来说，灵感有很多不同的来源。一个想法可能是从看到一种新的原料并对其应用进行思考而形成的。有时，一个想法几乎会在我的想象中迸发出来。它的出发点可能是味道的组合，可能是视觉结构，也可能是菜肴中的纹理组合或分层。

不出所料，彼得从他的开放式思维和世界观中获得了灵感。和我们在本书中遇到的其他人一样，包括卡琳·鲁伊斯、乔尔·普拉基特、戈德·唐尼和塔妮娅·米勒，彼得也是一名艺术家。他们共同分享以创造性的方式看待世界的诀窍。“有时会有一个参照物可供参考，”彼得说，“可能是一件艺术品、一件雕塑，也可能仅仅是看着树上的一块卷曲的树皮。”他的大多数想法都是从视觉上开始的。他发现，与最初的视觉火花合作创造了一个过程，然后开始组装配料。反过来，这导致他考虑不同的烹饪方法，最终达到某种视觉效果。他还通过味觉记忆来使用他的执行功能，这些记忆可以进一步增强或改变菜品的特质。

当他在脑海中构思出新菜式或把它记在纸上时，彼得进入了另一种思维形式。但不同寻常的是，他承认自己不断地在三种开放式思维之间来回跳跃。“我发现实际行动的过程会带来新的想法，沿着意想不到的路径走下去，结果往往会与我最初想象的不同。在这一点上，创作过程是可逆的，也是直观的。我不得不说，最初的火花和开放的心态才是最重要的。”彼得在整个开放式思维过程中都对创造力持开放态度，特别是当他进入厨房开始为客人料理事物的时候。他的创造力没有终点。

根据墨尔本大学心理科学学院的安娜·安蒂诺里、奥利维亚·卡特和卢克·斯米利的研究：“‘开放’的人看待世界的方式与普通人不同。”他们发表在2017年《人格研究杂志》（*Journal of Research in Personality*）的论文中指出，开放性对参与日常创造性活动和现实世界的成就都有积极的帮助。这篇论文名为《双向观察：经验开放性和双目竞争抑制》（*Seeing It Both Ways:Openness to Experience and Binocular Rivalry Suppression*）中。他们写道：“我们的研究结果表明，开放式思维者的创造性倾向一直延伸到基本的视觉感知。开放式思维者可能会有与普通人截然不同的视觉体验。”

以彼得为例，虽然一款新菜式的大部分创意源于他，但他经常依赖他的团队对最终结果进行微调。这就是协作在他的开放式思维中发挥作用的地方。“我发现我团队的意见是有帮助的，在商业厨房里复制我的菜肴的实际应用中很有价值。”另一位厨师或团队成员会定期建议一种更有效的方法或技术来烹调一道新菜。一道菜通常有几个组成部分需要同时准备好，因此，只要不影响菜肴的完整性，创建更高效的工作流程的建议就会受到欢迎。当一道新菜的想法进入厨房和下一阶段时，彼得插入了另一个开放式思维的实例，这一次是与他主要的团队成员一起。在这种情况下，每个人都在研究创造性思维、批判性思维和应用性思维技巧。

“在菜单上加入一个新的想法或菜品时，有很多实际的问题，”彼得补充说，“确保食材供应的连续性，能够根据人们对饮食的偏好调整菜肴，向员工传授新技能，以及厨房的流程如何与新菜单项目的实施相关联。”在厨房里执行新菜的流程中，彼得必须依靠团队成员的不同技能才能取得成功。但这个流程并没有到此为止。

任何厨房都需要一种开放的思维来将菜品交付给顾客。这是彼得以行政主厨的角色运用开放式思维的第三个实例。“还有新菜谱的文档和成本，以及需要传达给前台团队的关于新菜式的沟通、品尝记录，并解释新菜式要表达的情感和意图。经营一家餐厅的现实是，你需要依靠许多人带着激情和技能做好他们的工作。每个人都需要感觉到他们在这个过程中做了一些特别的事情，最终目标是为人们创造一种美好的体验。激情和知识的传授是最重要的。”

埃德加·沙因在他2004年出版的《组织文化与领导力》一书中写道：“知识和技能的分布越来越广泛，迫使领导者——无论他们喜欢与否——更加依赖于组织中的其他人。在这种情况下，如果对人性持愤世嫉俗的态度，在最好的情况下，会造成官僚、僵化；在最坏的情况下，会导致反组织的群体出现。”沙因的观点适用于概念上的开放式思维，特别是彼得对开放式思维的应用。

每年都有成千上万的人光顾彼得的餐厅，他们开始期待极具娱乐性、令人垂涎三尺和多样化的菜单。多年来，彼得获得的奖项名单太长了，这些成功都是由开放式思维支撑的，这种思维指导着他和他团队的行动。

积极主动，不断学习

我发现开放式思维者的另一个特点，帮助他们不断展示创造性、批判性和应用性思维——他们一直在学习。他们的好奇心似乎是无限的。他们提出问题，通常是很多问题。他们不仅自学成才，他们还有着永不满足的欲望来增加他们的知识储备。思想开放的人厌恶现状。他们需要新知识、新想法、新关系和新信息来推动他们的开放式思维。

例如，夏琳·李透露了她的一句心里话：“永远在研究。”她说：“每次我遇到新的人，无论在什么情况下，我都很好奇，想看看我能学到什么。我和优步司机聊天。我在等待开会时会与接待人员交谈。我会问一位CEO关于他在Facebook上发布的一些内容。我永远不知道我的下一个惊喜会从哪里来，不可避免地，我遇到的最好的例子是因为我让自己敞开心扉，接受新的观点。”这与第一章中提到的凯娜·莱斯基关于“匆匆一瞥”的观点非常一致，但得益于夏琳天生的学习欲望。

夏琳还帮助我们认识到学习不是一次性的。她的观点是有道理的，因为思考也不是一次性的。世界经济论坛发表的题为“就业的未来”的研究报告指出，如果我们要为2020年及以后做好准备，就需要提高各种技能。在第二章中我曾提到，该报告将创造性思维放在首位，但技能清单中还包括批判性思维、认知灵活性、决策能力、解决问题的能力和主动学习的能力。在世界经济论坛的报告中，可以看到开放式思维和积极学习的结合。然而，在这份报告中，作者也发出了令人不寒而栗的警告："如果今天不采取紧急和有针对性的行动来管理过渡时期，并建立一支具有面向未来技能的劳动力队伍，政府将不得不应对不断增长的失业率和社会不平等，以及消费者基础不断萎缩的企业。”

作为首席战略官，迪翁·欣克里夫绘制了一幅思维地图，描绘了他理解的开放式思维和学习之间的联系，弥合了他的近期需求和未来之间的差距。迪翁已经为自己的未来做好了准备。他向我介绍了他使用的一个方便的模型，这个模型最终证明了他在学习和思考方面是多么灵活。迪翁的思维模型如下：

1．想出一个主意；

2．试一试，快速完成试错；

3．做出某种决策，完善它，然后加倍努力解决进一步的问题；

4．如果你不能解决问题，那就把想法放在另一个项目上——转移到别的事情上；

5．保持周期性和灵活性——始终保持在整个过程中反复学习的能力。

迪翁坚持认为，他的灵活性和学习雷达允许“在思考的道路上有大量的发现”。他补充说：“我把这种思维方式作为学习工具，是完成项目或创意的手段。只要我们循环往复、保持灵活性并不断学习，事情就会成功。”

我们在上一章中介绍的乔纳森·贝切尔认为，思考、学习和提问之间存在着一种关系。“对于一些人来说，如果他们只在私下或者和他们信任的顾问一起思考一个话题，他们就会受到群体思维的影响。你需要一个有很多不同观点的环境，才能真正对一个话题进行批判性思考。”他认为，要从不同观点的人那里获得有价值的知识和见解，人们需要知道如何提出好的问题，努力避免确认偏见。“在我提出问题之前，我试着检查一下我已经有哪些偏见，然后问问自己，哪些新的事实会让我改变主意。然后我的问题往往是想找出是否有人掌握了这些事实。”正是这些问题导致乔纳森不断学习，这反过来又帮助他展示了开放式思维。

托马斯·爱迪生既是一个开放式思维者的榜样，也是一个不断学习的人。19世纪70年代和80年代，爱迪生在门洛帕克工作实验室反映了他对不同想法的人协作思考新的发明技术的欣赏。他的发明家团队在以往的学习和经验的基础上，组建了一个创新实验室。他们不仅从失败中学习，而且相互学习。

《哈珀斯》杂志曾报道过爱迪生的这一观察结果：“在这么多年的实验和研究中，我从未有过一个发现。我所有的工作都是演绎的，我取得的结果都是发明创造的，纯粹而简单。我会构建一个理论，并按照它的思路工作，直到我发现它站不住脚。然后，它就会立刻被否定，另一种理论就产生了。这是我解决问题的唯一可行的办法。”正是这种学习、失败、提问、实验和思考之间的关系推动爱迪生和他的团队达到了创新的辉煌高度。这是迪翁和乔纳森多年来一直使用的策略。

但是，尽管夏琳、迪翁和乔纳森阐明了用开放式思维学习的重要性，但也有人担心，教育工作者在将这一概念引入青少年阶段的教育上做得不够。赵勇是堪萨斯大学教育学院的杰出教授，他发表了100多篇文章、出版了30多本书，包括《什么是重要的》（*Counting what Counts*）、《永远不要派人去做机器的工作》（*Never Send a Human to Do a Machine's Job*）、《追赶或引领》（*Catching Up or Leading the Way*）等。他是研究当今教育系统、解决它的问题及其战略发展的最重要的专家之一。当我问到学习状态及其与开放式思维的关系时，他直言不讳：“创造性思维和批判性思维在教育中极其重要，但遗憾的是，这在整个社会中都很匮乏。它不仅在学生的课程中缺失，而且在整个过程和环境中都缺失。”

赵勇教授认为，学生、教师和学校领导通常都会受到来自他人或自己的阻碍，无法在学习过程中发挥创造性和批判性。“教育者首先应该练习成为开放式思维者，”他说，“然后允许并最终创建一种重视开放式思维的文化。”

正是赵勇教授的有力建议让我想起了詹姆斯·佩里在桑尼布鲁克大学健康科学中心的哲学。该中心还充当未来神经肿瘤学家的教学医院，以及许多其他医学角色。桑尼布鲁克大学的总体哲学——“蕴藏在关怀中的研究”——进一步说明了学习和开放式思维的重要性。“我们是以患者为中心的，”詹姆斯说，“我们不断认识到向他们学习的必要性。患者会告诉我们哪里存在差距，什么是有效的，以及我们如何改进。这就是我们哲学的精髓所在。”

詹姆斯相信，每一个走进门的患者都是他们研究的一部分，更重要的，是他们学习和思考的重要组成部分。无论是通过临床试验还是将病例记录到数据库中，成像科学家都可以利用大脑诊断来帮助另一名患者，任何进入桑尼布鲁克的人都是学习和思考的一部分。“我们在桑尼布鲁克工作的一个关键特点是，”詹姆斯继续说道，“就是找出比最初开始时更多的问题。”但是，詹姆斯希望解决该系统中的一个缺陷，以加强中心的学习。

“回答‘为什么也会出现糟糕的结果？’这个问题非常重要。”根据詹姆斯的说法，科学家和医生们迫于压力，不得不偏向积极的结果。他认为，任何领域的医生都需要解释为什么有些东西不像某些其他东西一样容易奏效。“我们的大学通过文献引用量来评判我们的研究质量，而不是根据我们在积极和消极结果之间学到了什么来评判。这必须改变，我们的思维必须改变。”詹姆斯和赵勇的见解提醒我们，当学习和开放式思维之间存在积极的联系时，我们会表现得更好。

对立面可以吸引

商业顾问戴夫·格雷在《阈限思考：改变没有想象的那么难》—

书中将“核心概念”定义为“通过理解、塑造和重构信念来创造变化的艺术”。戴夫指出，“要理解的最重要的材料是信念。”我们的信念塑造了我们，但我们也负责构建它们。当我询问戴夫他对开放式思维的看法时，他最初的反应很有说服力。“可悲的事实是，大多数组织似乎并不重视思考，”他说，“思考需要空间和非结构化的时间，但大多数工作场所不提供这种空间和时间。”戴夫觉得，当谈到创造性、高度强调思考时，今天的领导者似乎在谈论一场精彩的比赛。他认为，他们的行为表明他们实际上并不重视这一点。

戴夫关于在开放式思维哲学中激发更多创造性的建议是非常明确的:“即使你的老板和家人留给你的时间很少，无论你在哪里，无论你在做什么，都是你自己选择把最宝贵的资源——你的注意力——花在哪里。你来决定选择关注什么。为了更开放地接受新的想法和信念，你需要注意那些你通常可能会忽略的事情。寻求其他观点。读一份与你的观点相反的报纸。或者浏览来自世界另一端的博客。如果你觉得自己陷入了企业思维定式，那就去参加创业大会或黑客马拉松。寻找可以帮助你在多个视角之间进行三角定位的观点。”简而言之，做一些可能被认为与你目前的思维方式截然相反的事情。

我们在第二章提到的丹尼尔·列维廷提供了一个独特的个例，强化了将一些相反的思维添加到开放式思维框架中的观点。“我有一次不得不更换我在蒙特利尔的房子的屋顶，这座城市以严冬而闻名。我家的屋顶是平的，所以用瓦片搭建是不可能的，在我家附近工作的屋顶承包商把所有的房子都铺上了容易受热的焦油和碎石。但在一次城外旅行中，我看到了一个屋顶上有一层光滑的白色橡胶状涂层，我开始四处打听。它被称为弹性体，它有比焦油和碎石更好的性能，有助于隔热，而且从长远来看也更便宜。我打了几个电话，找到了可以安装这种屋顶的人，我对结果非常满意。我认为这是一个有点创造性的解决方案，因为它与阻力最小的道路背道而驰，相对来说是不为人所知的，需要付出一点努力。并不是我发明了自己的屋顶制作方法，但并不是所有的创造性行为都是完全独特的。”

正如我所发现的，开放式思维者不仅不断地在创造性思维、批判性思维和应用性思维之间循环，而且他们不怕把自己的思维推向不同的方向。他们认为这是更健康的运营方式。当涉及寻求不同的意见或观点时，他们是敢于冒险的。开放式思维者认识到，陷入僵化思维最简单的方式之一就是接受或证明现有的偏见。采用开放式思维的成功人士都意识到确认偏见可能产生的有害影响。自信是一回事，无知却又过度自信则完全是另一回事。

戴夫的反馈和丹尼尔的故事与马克·凯尔伯格的观点如出一辙，我们在第一章中介绍过他。马克和他的兄弟克雷格共同创立的社会企业WE在加拿大起步。最初几年，它一直是一家加拿大专卖店，特别是，它广受欢迎的“WE日”活动只在加拿大城市举办。马克和他的兄弟认为“WE日”的概念也可以在美国取得成功。怎么办呢?

“你需要身体力行，并以不同的方式思考，”马克说，“我们从来没有在明尼阿波利斯、芝加哥、纽约、洛杉矶或西雅图这样的地方举办过‘WE日’活动。虽然模式是一样的，但我们必须以不同的方式思考，以克服不同国家的困难。无论是赞助商、当地政界人士还是联合国等，我们的宣传和策划都与我们在加拿大的活动不同。”他还表示，当他们决定进入英国时，也必须将不同的思维纳入“WE日”模式。

马克说："在美国和英国，我们的信息传递、定位和整个思维过程都必须不同。因为文化不同，我们在每个国家都要略有不同。例如，信息的来源和侧重点有很大的不同。在美国，我们了解到我们需要以'就像在《奥普拉脱口秀》和《60分钟》中看到的'作为开场白，而在加拿大，我们更多地谈论我们的工作、慈善事业和回报的目的。"

"WE日"对今天的年轻人产生了不可思议的影响。自2007年在多伦多举行首届盛会以来，全球已有200多万年轻人参加了世界各地的各种活动，包括2017年7月2日在渥太华国会山举行的"WE日"，庆祝加拿大联邦成立150周年。门票不卖。人们必须通过可证明的捐赠和公民身份来赢得他们的"WE日"入场券。至于影响，马克透露，超过80%的"WE日"参与者每年的志愿者时间超过150小时。"以不同的方式思考并没有错，这是必要的，"他补充道，"我们一直在寻找合作和学习的机会，以不同的方式思考，而不仅仅是简单地赢。"

回到戴夫的话题上。我问他是否可以举一个例子，说明他的逆向思维、开放式思维方法是有帮助的。他说："我们正在向一个新客户推销，它是软件行业最大的公司之一。我们知道他们试图解决的问题，我们作为一个团队集思广益，真正思考他们的问题。当他们到达我们在圣路易斯的办公室时，我们在白板上画出了我们的想法，并就他们可以采取的方向的想法和选择进行了长时间的讨论。"是什么让他们逆向而行？他们没有简单借鉴戴夫的公司过去做过的事情，而是选择从头开始审视这个问题。他们赢得了这笔业务，戴夫问客户为什么选择了他的公司而不是其他公司。他们回答说："我们遇到的其他人都利用这段时间向我们展示了他们为他人解决的问题。言下之意是，也许他们可以为我们做同样的事情。但当我们与你会面时，你从第一分钟起就开始提供价值，帮助我们思考和解决我们的问题。这就是我们选择你的原因。”

正如戴夫、丹尼尔和马克那样，开放式思维者不断地推动如何在任何特定的情况下以不同的方式做事的思维。他们不仅乐于学习，愿意重新审视过去的决策和信念，还会寻找对立的意识形态来改善自己的总体倾向。他们不怕消除任何现状，思考过去可能奏效的是什么。

务实、包容、开放

我们在前文中介绍的O2E品牌的CEO布莱恩·斯库达莫尔认为，许多组织及其员工都被应用性思维的诱惑所困。布莱恩认为，一个组织对“只是做”的执着是其潜在的脱离和缺乏目标的一个关键因素。他还认为，如果高级领导者积极展示开放式思维的几个关键习惯，组织中的每个人都可能表现得更好。布莱恩已经开发了几个开放式思维实践，这些实践帮助他和他的员工持续不断地进行创造性思维、批判性思维和应用性思维的循环。

“周一是我不在办公室的日子，”他说，“这是我思考问题，自己集思广益，给自己写笔记，构思和思考新事物的一天。”布莱恩说，他可能会在某一天里去几家咖啡店，变换环境，提高创造力和决策能力。周二到周四，布莱恩回到办公室。然而，星期五被视为“自由日”，布莱恩完全不工作。这是他不受商业思维束缚的一天。“我不看电子邮件，我锻炼身体，享受生活，享受办公室以外的事情。我发现它给了我恢复活力所需的能力，使我在下周保持最佳状态。”

前文提到的指挥家兼音乐总监塔妮娅·米勒认为，开放式思维归根结底是包容。“在我的世界里，我有一个节目设计委员会，我相信乐团应该感受到我们节目决策过程的一部分，”她说，“乐团有强大的等级结构，这是我们运作方式的一个非常成功的方面。但我想听听他们的想法，他们新的节目选择，这样每个人都会觉得他们是创造力和决策过程的领导者。这不仅对最终结果非常有帮助，还能建立信任。”尽管交响乐团有着数百年的等级结构，但塔妮娅更倾向于摒弃任何僵化的概念。她的风格是使乐队的每个成员都有机会成为创造性思维和批判性思维阶段的一部分，而不仅仅是在应用性思维阶段演奏乐器。

上一章提到的作者和学者约翰·达拉·科斯塔认为，开放式思维的秘诀在于，我们能够花更少的时间专注于“该做什么”，而不是花更多的时间去理解“我们为什么要做正在做的事情”。约翰坚信，开放式思维是迭代的，永远不会完成的，它既是对问题的发现，也是对答案的实现。他的观点完全符合开放式思维持续活跃的定义。约翰认为，提出问题能帮助我们确定原因。“思考不是为了知道或拥有知识，”他说，“而是参与创造正在经历和学到的东西的意义。”社会对行动的执着正在创造一个开放式思维的对立面。根据约翰的估计，由于我们对“该做什么”的执着，我们已经造就了大批封闭思维者。

他关于改进开放式思维的最大建议是从单纯关注“该做什么”转向理解“为什么”，这回到了我们思考和与他人一起采取行动时目标的重要性。“开放式思维始于内心，对一个人的人性、特点和希望敞开心扉。这种内在的开放培养了对责任的关注，也培养了原谅自己错误的能力，从而为未来的成长汲取智慧和决心。”与塔妮娅关于开放式思维需要包容他人的观点相呼应，约翰认为开放式思维需要相互包容。“开放式思维与其说是一种智力技能，不如说是一种关系技能，”他说，“开放地思考就是与他人一起思考，从他人的想法中获得经验，并从我们的想法为他人提供的贡献中获得社会满足感。”

约翰建议开放式思维者在整个开放式思维周期中与他人合作时表现出以下3个特点。

- 勇气：勇敢地将他人的新思维与我们自己的内心和洞察力联系起来，以摆脱我们的胆怯。
- 责任感：在与他人合作时，能够以诚信和谨慎的态度回应接收到的新信息。
- 公平：在欣赏和批评之间取得平衡，接受或原谅失败，将其作为创新和实验的成本。

水域守护者组织的负责人马克·马特森也提倡开放式思维，认为这是一种包容的、社区驱动的思维方式。“在过去的几年里，我发现是这个社区激发了我的学习和思考，”马克说，“捕捉他们的故事，倾听他们的问题，了解他们如何利用数据来改善水质、海滩等，这些都带来了巨大的回报。对我来说，水源守护者已经成为一个焦点，我们现在希望保持社区的结构——如果你愿意的话，他们的故事和想法就可以从一个社区分享到另一个社区。我们的思维变成了集体思维。”这是另一个例子，表明开放式思维处于一个连续的循环中、总是愿意借鉴他人的想法来改善未来是多么重要。

耐心和持续开放式思维的现实

在开放式思维方面你有多大的耐心？你有多愿意确保你的开放式思维是持续的？后者与多任务处理不同，因为不同的情况可能需要不同的开放式思维方法。彼得·吉尔摩谈到了这个概念，他提到他在构思一道新菜时使用了不同开放式思维方法，而不是研究如何为餐厅所有的顾客提供同样的菜品。从整体上看，开放式思维是彼得烹饪技巧中的自然组成部分。音乐家凯瑟琳·考尔德为我们提供了更多关于耐心和持续开放式思维的合作关系的见解。

凯瑟琳是一位加拿大歌手和词曲作者，她以独唱艺术家的工作而闻名，她创立了另类乐队Immaculate Machine，并且是流行乐队The New Pornographers的一员。"我的灵感往往来自听到的一些东西，"她说，"我听音乐越多，就越觉得有灵感。我还学会了利用'小声音'，一种在我大脑中引导我的声音。不知何故，我下意识地知道，我必须让这个过程自己发挥作用。我让声音过去，让我的大脑做决定。如果我在写作或录制过程中停下来想太多事情，就会对结果产生负面影响。"

谈到开放式思维，凯瑟琳认为我们应该听取演员约翰·克里斯的建议，他因与喜剧团体Monty Python的合作和参演英国电视连续剧《弗尔蒂旅馆》而闻名。克里斯认为，如果人们想要更有创造力，就必须非常有耐心。他表示，他的作品比一些喜剧同行更有创意、更多产，因为他经常准备更长时间地坚持解决问题。克里斯引用了加州大学伯克利分校心理学家唐纳德·麦金农在20世纪70年代的研究成果，鼓励人们容忍无所事事带来的不适感，让思维过程自我发挥的时间比人们认为的正常时间要长得多。麦金农的研究表明，当我们准备忍受未解决的问题带来的不适和焦虑时，创造性思维会更有成效。克利斯曾经说过：“最有创造力的人已经学会更长时间地忍受这种不适。正因为他们投入了更多的时间用于思考，他们的解决方案就更有创造性。”

凯瑟琳认为，她的开放式思维心态是由她对这个过程的耐心所引导的。“这也是某些人很难释放创造力的原因之一，”她补充道，“有一半的时间你会想出你不喜欢的东西，但你应该坚持下去，直到得到你喜欢的东西。坐着不动真的很不舒服，但更值得——至少对我来说——而不是为了完成而努力。”作为一名音乐家，凯瑟琳的生活离不开创造性思维、批判性思维和应用性思维的不断循环。没有创造力，就没有歌曲；没有决策，歌词和旋律就永远不会出现；没有应用性思维，这些歌曲就永远不会被录制。

“写作对我来说是一件下意识的事情，”她继续说，“当我写一首新歌的时候，通常是我在努力解决一些问题，或者解决一些困扰的时候。这就是为什么说保持耐心会更好。只有当我感受到当时的情绪时，我才能创作。我的整个创作过程让我依附于我的情感，指引整个过程。而这只有在我对自己有耐心的情况下才会发生。”凯瑟琳的反馈类似于100码短跑和马拉松的区别。你不可能在短跑所需的时间内跑完一场马拉松。必须塑造你的心态，这样你才有耐心，并准备好一次跑几个小时。马拉松不可能在几秒钟内跑完。只要你在这个过程中投入耐心，你就会到达终点。

由于日程繁忙，凯瑟琳的时间管理技能对她的成功、她的理智都至关重要。当我们意识到我们的思维在不断变化、总是在变化的时候，我们会更加成功。像凯瑟琳这样的音乐家需要不断地创作新歌，决定各种旋律和音乐安排，进入录音棚录制，然后走出去，在观众面前现场演奏，这就说明了这一点。实施上，这些都说明了开放式思维是一个循环。凯瑟琳在她的一首名为“新千年”的歌曲中解释了这一点。

“我写了这首我认为已经完成的歌，但是在我现场演奏了几次之后，我发现我对它并不完全满意。”后来，她回到录音室，构思了几种不同的编曲和歌词，并重新录制了这首歌，作为新的单曲收录。在现场表演——应用性思维——过程中意识到这一点，让她回到了另一个创造性和批判性思维的循环中。

“演奏的现场部分，准备一首‘演唱会’歌曲，让我改变了我的想法，”她承认，“虽然我的创作过程是一样的，在现场演奏时我必须试着倾听内心的声音，但我也让更多的人参与进来。我必须做个不一样的参与者。我在一场现场表演中邀请了其他音乐家。虽然每个音乐家都不一样，但我在现场演奏时尽量对他人的想法和意见持开放态度。这更有趣。”

有一个方面是凯瑟琳建议不要做的，即使最优秀的开放式思维者也会受到影响。“即使没有人在场，如果我觉得自己受到了评判，我就不会那么愿意去尝试。我喜欢放松，可以自由地尝试一些荒谬的事情。工作室让我进入一个我可以随时随地去的地方。这是一个私密的地方。我可以在毫无压力的情况下，把我古怪的想法付诸实践。”

凯瑟琳告诉我们，开放式思维需要耐心和高度的个人信任，但即使我们处于应用性思维中，我们也必须坦然地重新审视自己的想法。此外，如果我们认为自己被不断地审视或评判，这可能会影响我们的创造力或决策。直截了当地说，保持耐心，愿意在开放式思维中多次循环，以及在没有压力的环境中工作，这些都是开放式思维最重要的习惯。最好的开放式思维者确实比其他人更用心。

凯瑟琳在她的歌曲《花点时间》中很好地捕捉到了一切：

花点时间，花点时间去寻找；

把我抛来抛去，感受那声音；

看看还能找到什么，

看一下变化，什么都不会想起；

虽然我们不能呼吸，但我们仍然可以成为一个投影放大器。

尼斯加思维的共同哲学

尼斯加人是一个原住民社区，“自古以来”就居住在不列颠哥伦比亚省西北部的纳斯河谷地区。大约有2500名居民居住在这个约2000平方千米的地区，另有3500名尼斯加人生活在加拿大其他地区。2000年4月13日，尼斯加民族、不列颠哥伦比亚省政府和加拿大政府之间达成了一项重大的土地索赔和解协议，纳斯河谷地区成为尼斯加的领地。该协议允许尼斯加自治，这在加拿大尚属首例。尼斯加的利西姆斯政府统治着尼斯加民族，在寻找其传统和历史根源的同时，为未来铺平道路。

伊娃·克莱顿是尼斯加·利西姆斯政府的总统，她是有史以来第一位担任这一职务的女性。我很想看看尼斯加文化，一种传承了几个世纪的传统和习俗的文化，是如何进行创造性、批判性和应用性思维的。她解释说：“做决策要从整体的角度出发，考虑到我们生活的世界的方方面面。”伊娃透露，阿尤克是一种古老的尼斯加哲学，多年来一直指导着他们的思想和行动，这也是它得以蓬勃发展的原因。阿尤克定义了尼斯加人古老的法律和习俗。它为人们了解尼斯加文化提供信息指导和启发。“同心、同路、同族”是尼斯加共同的哲学，尼斯加的所有决策和行动都是在这个前提下进行的。“我们相信，在我们所做的一切中，我们作为一个民族是紧密团结在一起的，因此，我们的官方品牌身份是由‘同心，同路，同族’这条定位线锚定的。”

我是在20世纪90年代末了解到尼斯加人的，当时他们正在就土地要求进行谈判。我在《扁平军队》中提到了尼斯加的共同哲学。我相信，任何组织在“同心、同路、同族”的号召下运作，一定在做正确的事。伊娃不仅提到了“同心、同路、同族”，她还坚持认为，事实上，他们的生存方式与他们的耐心和长远思维息息相关。“决策的实施会影响到很多人，因为所有关系都是有联系的。因为我们植根于我们的阿尤克，治理和领导是由我们阿尤克的哲学和价值观指导的。我们有能力在我们阿尤克的哲学和价值观与需要做出的决策之间找到平衡，以便采取行动。根据阿尤克的教义，做出决策，解决分歧，达成共识。”

她用的“整体”这个词给我留下了深刻的印象。根据定义，整体论涉及完整的系统，而不是将整体拆开或解剖成部分。尼斯加民族的生存本身要求它是整体的，以整体而不是碎片来看待自己。然而，真正有启发性的是，伊娃注意到尼斯加人的思想和行动考虑到了一切。她说:“尼斯加人认识到，我们所做的决策不仅影响尼斯加人民的生活，而且对我们生活的环境也有影响。人们认识到，作为一个受条约约束的国家，尼斯加将继续发展，各项决策的效果将对整个社区甚至国家产生影响。正是这种整体方法论为尼斯加面临的文化价值观和进步之间的平衡奠定了基础。个人有义务通过终身培训来确定他们的责任，并为国家做出贡献。正是通过每个人的独特性和集体贡献，这个国家才能继续蓬勃发展。”

整个文化的生存依赖于其整体思考和行动的能力。这就是开放式思维的确切定义。它还很好地概括了尼斯加文化，这是一种坚持了几个世纪的民族文化。如果它不是整体的，它早就不复存在了。如果它在开放式思维的3个阶段花费太多时间或时间不足，它的成员可能会迷失。同样，反思和行动之间存在微妙的平衡。

在本书的第一章中，我定义了构成开放式思维的3个组成部分：创造性思维、批判性思维和应用性思维。然后我们通过每一个阶段来达到这一点。在此之前，我故意忽略了开放式思维的定义。为什么？尼斯加民族帮助我们将开放式思维置于情境之中。

开放式思维是一种梦想、决策和行动的整体方法，以确保一个符合道德的结果。

在第一章中，我建议在阅读本书的过程中考虑以下3个问题。

- 我是否花了足够的时间思考和梦想？
- 我是否根据事实和证据做出周全的决策？
- 我是否急于完成一项行动？

事实上，这3个问题有助于形成开放式思维的定义。尼斯加人花了113年的时间才最终解决了他们的土地问题。尼斯加人是纳斯河谷地区的第一批所有者，自古以来，“同心、同路、同族”的原则一直是他们身份认同的核心，世代更迭，从未改变。尼斯加人奉行“同心、同路、同族”，与他们的整体性思维习惯相统一，追求公正、耐心、体面的解决方案，这不仅是他们文化的证明，也是他们开放式思维的证明。他们毫不气馁，一直愿意调整、适应。他们是一个整体。可以说，尼斯加人在追求实现他们目标的过程中，仍然坚定不移地保持着开放式思维。

他们继续与历届殖民地政府打交道，以确保达成符合尼斯加民族利益的最佳解决方案。40多场年度大会见证了这个民族对其耐心和整体性思维的考验，到2000年，取得了突破性进展，《尼斯加最终协议》获得颁布。它曾经战斗过，现在它仍然坚定地保持着开放式思维。尼斯加人不怕通过创造性的、批判性的和应用性的思维循环来实现它的目标。“作为一个现代政府，我们还处于青少年阶段，”伊娃补充说，“就像我们的文化一样，我们将继续发展，以满足我们人民的需求。”

“同心、同路、同族”表明，尼斯加人及其国家的每一位公民——在社会中都有合法而有意义的地位。尼斯加人相信他们都是相互依赖的，他们需要彼此才能茁壮成长和生存。尼斯加是一个整体。事实上，他们是一个充满开放式思维者的民族。总而言之，他们是开放式思维者的榜样，值得我们所有人尊敬和学习。

开放式思维的核心

这本书快写完了，我还有最后一个问题要问。你有没有想过为什么这本书的封面和封底都使用爆米花主题？这不是一本食谱，也不是一本快餐书。

也许我是个守旧的人，但是当我和家人在家，并且恰好是电影之夜时，我喜欢用一个装满油的大锅在炉子上做爆米花。这可能不是享用爆米花最健康的方式，但庞蒂弗拉克特家确实很喜欢这么做！

我每次做爆米花的过程都是一样的。从抽屉里拿出那个巨大的“爆米花”锅，在锅底洒上油，点火，把油加热，在锅里放几个玉米粒。一旦这些玉米粒开始发出嘶嘶声，就把所有的玉米粒倒进锅里，把碗准备好。当玉米粒开始疯狂爆裂时，灵活性和耐心就成了关键。你必须小心地打开盖子，把爆开的爆米花倒进碗里，同时把没有爆开的玉米粒留在锅里。然后盖上锅盖，把锅放在炉子上，开始第二轮甚至第三轮爆裂。我向你保证，如果你失控，压力会很大。

我的爆米花例子和开放式思维有什么关系？这是你要考虑的最后一个比喻。

如果你从袋子或罐子里直接拿出玉米粒来吃，我们可能会把这比作某人急于做出判断或快速行动。这是开放式思维的对立面，是僵化的思维。当我们缺乏耐心时——当我们直奔核心时——会损害我们的思维。我绝不建议你这样对待你的消化系统。

然而，如果我们在炉子上烘玉米粒的时间太长，就会发生可怕的事情——你会得到烧焦的爆米花。当我们花太多时间讨论我们的选择或从不做决定时，最终的结果就像直接从袋子里吃掉玉米粒一样糟糕。这也是开放式思维的对立面。这是优柔寡断的思维的标志（而且吃起来简直太可怕了）。

但是，如果我们设法激发能量，把油和玉米粒放进锅里，结果却漠不关心地离开了炉子，那会怎么样呢？最终会发生什么呢？起火。

也许是在厨房，或者更糟糕的是，房子被烧毁了。当我们变得心怀不满，忽略了平衡思考和行动的需要时，我们就变成了冷漠的思维者。我们离开放式思维还有很远的路要走。清理工作异常艰巨。结果可能是灾难性的。

在这几页中，我希望你已经发现，开放式思维需要不断地进行创造性思维、批判性思维和应用性思维循环。爆米花是我最后的比喻。不要吃玉米粒，也不要烧焦，请尽量防止起火。如果我们要提供美味、松软和可口的结果，就应该在思考和行动之间有一个强有力的平衡——开放式思维的3个组成部分之间也是如此。梦想、决策、行动，然后重复。

女帽店的启示

在我们即将结束本书之际，让我们最后一次拜访卡琳和利利普特女帽店的团队。当我第一次走进这家店时，我并没有买帽子的打算。但我对卡琳了解得越多，越是看到开放式思维的蜂巢是如何运作的，我就越想亲身体验这个过程。

在随后的采访中，我问卡琳是否愿意为我做一顶帽子——当然是作为一名付费顾客。她提醒我做帽子时不能偷工减料。女帽店的双关语俯拾皆是。

卡琳首先询问我做这顶帽子的意图。“我想偶尔在舞台上戴它，在做主题演讲时，”我告诉她，“我甚至可能会在正式的个人活动中戴它，”我补充道。从那时起，我们开始研究帽子的形状和大小，卡琳解释了帽子的边檐、锥度、黏合处和冠部之间的区别。最后，我们讨论了一些我的个人想法，这让我们聊起了颜色、丝带、羽毛和毛毡。

她给我看了一段她制作的帽子在不同场景使用的视频。其中一段视频包含一则广告，突出了她的几顶帽子。她还翻出了几张她的帽子被不同人戴过的照片。一张“悲剧嘻哈”主唱戈德·唐尼的照片被展示了出来。“真漂亮！”我由衷地喊道。卡琳走到店铺的另一个区域，拿出了她做帽子所用的模具。这令我印象深刻。

在我们谈话的过程中，卡琳显然处于创造性思维的时刻。她和我一起梦想，探索着可能性的艺术，以及对这顶帽子的憧憬。它可能只有30分钟左右，但它包含了创造性思维的所有元素。从那时起，我们进入了决策和批判性思维阶段。颜色和边缘尺寸都定好了。接下来开始制作帽子，向应用性思维致敬。卡琳开始测量我头部的尺寸。她让我试了10顶不同的帽子和几个模具。在这个过程中，我看得出她又回到了创造性思维中，因为她提出了更多的问题，她的笔记也变得充实起来。

与此同时，其他人继续在女帽店的其他地方蒸制、缝纫和出售帽子。然后，卡琳走到商店的最后面，拿着另一个样品出现了。打动我的不是这顶帽子的颜色，而是它的形状。具体地说，与帽檐相结合的冠部和锥度正是我所希望的。我试戴了一下，照了照几面全身镜中的一面，立刻笑了。卡琳也笑了。

确定了帽子的类型和具体的形状及颜色后，就进入了下一个阶段。我们又回到了创造性思维阶段。卡琳说：“你说过你想向原住民致敬，对吗？”她开始研究羽毛、丝带和石头的组合。“把它留给我和团队吧。我们会在几天内为你准备好。”

过了几天，我到这家女帽店取我的新帽子。我很兴奋。我以前从来没有参与过定制帽子的过程。在我们周一和周四的谈话中，当我第一次回来试戴的时候，卡琳和利利普特女帽店团队继续进行创造性、批判性和应用性思维的循环。他们有了更多的想法，做出了更多的决策，在30多个帽子系列中精心制作了一顶我现在最喜欢的帽子。卡琳了解到我对戈德·唐尼的高度喜爱，于是又多做了一点，在帽子里衬上写下了他的作品：

大功告成，

夜幕降临，

如果我有一个愿望，

我希望有更多这样的机会。

我被感动了。这顶帽子是一件艺术品。的确，这是“工作中的音乐”。谁知道我会从女帽店里学到这么多关于思考的知识呢？致卡琳和利利普特的团队，请继续做你们正在做的事。这个世界需要更多地使用你们这样的开放式思维。

如果我有一个愿望，我会希望有更多这样的团队。

后记

> 生命短暂，只有一次，不要浪费哪怕一秒的时间去希望自己成为别人。
>
> ——克莱尔·庞蒂弗拉克特

在我们的大女儿克莱尔六岁时，她恳求我们让她学习小提琴。作为父母，我们很高兴，很快就给她找了一位小提琴老师。在接下来的六年里，她作为小提琴手的技能与她练习的时间成比例地增长。巴赫、雷格尔和塔尔蒂尼的优美旋律会从她的卧室飘下楼梯。当朋友或亲戚聚集在我们家吃饭时，克莱尔出现了，急切地想上演一场表演。在她拉小提琴的第六年，克莱尔已经成为学校管弦乐队的音乐会指挥。当她在一场公开独奏会上演奏时，评委们很快就称赞了她的才华。

但是，随着她的六年级学年在6月份结束，克莱尔考虑着即将到来的暑假，她做出了一个决定。“最近我想了很多，我决定不上小提琴课了。我喜欢小提琴，但我想尝试一些不同的东西。我希望你没有生气。”

最初，克莱尔借了弟弟的迷你原声吉他，这是几个月没被碰过的圣诞礼物。然后她开始自学弹吉他，看网上的教学视频、实验、练习。

在这个自学的过程中，克莱尔从来没有在任何人面前表演过。她只是一个人学习和练习，一次练习几小时。克莱尔很有创意，选择并学习和弦和歌曲。她对自己很挑剔，严格地分析自己做得好的地方，还有哪些地方需要更加努力。她不断地在评判自己的技能发展。

那年晚些时候，我们全家飞往澳大利亚度假。圣诞节前夕，我们来到拜伦湾的一家餐厅，那里正在举办一个“开放麦克风之夜”的活动。在我们等待甜点上桌的时候，克莱尔走上舞台，主动要求表演，这让我们所有人都大吃一惊。

“嗨，我是克莱尔，”她对着麦克风说，“我和我的家人是从加拿大来这里度假的。我想现在是弹奏一首歌的好时机。我以前从来没有这样做过，我从来没有在现场观众面前弹过吉他，所以，现在开始吧。”然后，她开始演唱汤姆·奥德尔的《与我一起变老》（*Grow Old With Me*）。不用说，她的表演结束时，我们疯狂地鼓掌。后来，我问了克莱尔一个简单的问题：“你第一次在拜伦湾的舞台上当着人们的面弹吉他时是什么感觉？”

她的回答很有说服力：“我很兴奋，有点害怕，但也有一种成就感。我已经练习了6个月了，我想我有足够的信心在陌生人面前表演。

挺好玩的。你真该看看你脸上的表情。哦，我还获得了一份甜点。”

从拜伦湾那晚开始，克莱尔继续展示开放式思维的3个阶段，也就是我们在本书中讨论的思维循环。这几天，她在考虑要演奏的新歌曲，学习新的和弦，评判自己的演奏是否合格，并挑选自己公开演唱新歌的具体地点。现在，她在家庭篝火晚会旁、在与朋友的聚会上、在学校里、在教堂里弹吉他，她甚至通过Skype和FaceTime为分散在世界各地的家人演奏吉他。2017年，她在葬礼上演奏，也在婚礼上演奏。最近，她在自己的节目单中增加了尤克里里曲目。

开放式思维是关于梦想、决策和行动的永无止境的循环之旅。我们是否有能力展示创造性、批判性和应用性思维才是最重要的。我们必须始终在思考与行动之间取得平衡。克莱尔的故事虽然对我来说非常个人化，但也说明了开放式思维之旅的美妙之处。

保持开放。继续思考。保持开放式思维。

开放式思维的十条基本原则

1．时间是思维的重要组成部分，因为任何事情都可能因为你不恰当地使用时间而出错。

2．不要总想着你会遇到哪些困难，因为只有空想者才会一直停留在起跑线上。

3．只有在认为合适的时候才采取行动，因为盲目地急于完成一个目标是愚蠢的。

4．灵活判断，必要时重新审视决策，因为固执己见是不会带来好运的。

5．不要只将思想放在脑子里，因为如果你这样做，它们无疑会丢失。

6．做事要有条理，有准备，因为漫不经心的人会留下混乱的痕迹。

7．在定期的休息中而不是在持续的忙碌中找到满足感，因为如果你像原本应该的那样重视过程，前者会比后者释放出更好的结果。

8．不要让缺乏信息或证据作为借口，因为漠不关心的核心是对事实的疏忽。

9. 刻意关注当下最重要的事情，因为当你屈服于干扰事项的诱惑时，你就浪费了这一刻。

10. 开放式思维者不断地梦想、决策和行动，因为那些把自己封闭起来的人才会遭受悔恨的耻辱。

致谢

致与我并肩作战的伙伴

理查德·马丁是我的合作伙伴。虽然在加拿大维多利亚和英国惠特斯特布尔之间有8小时的时差，但你编辑的天赋使一切进展顺利。我期待着和你再出几本书。感谢你做的一切。

感谢让·罗尼、罗哥·马丁、斯蒂文·兰博、麦克·多思亚当、凯西·翠格、依兰格·依兰格文、马克·科勒盖特、皮特·约翰斯顿、布莱恩·艾克和丹尼斯·拉马奇听我滔滔不绝地谈论本书的理论，并对本书提供了切实的帮助与建议，以及关于如何改善的中肯意见。我感激不尽，也在此替读者向你们表达谢意。

感谢我在Figure 1出版公司的新团队。感谢贵公司邀请我加入核心图书出版业务。非常感谢詹妮弗·斯密斯和克瑞斯·兰伯特以及出版公司的每个人，他们给了我动力和灵感。杰西·沙利文，你是个天赋杰出的艺术家。吉莉安·斯考比，你是有史以来最棒的文案编辑！雷纳特·普赖斯和劳拉·史密斯，谢谢你们陪伴我完成此书。

关于本书

诚挚感谢所有接受我的提问、电话、电子邮件和面对面采访的人。他们就是《开放式思维》这本书的框架与构思背后的故事。这些人使《开放式思维》一书变得生动灵活。

为马克·马特森、詹姆斯·斯图尔特、詹姆斯·佩里、塔妮娅·米勒、马克·基尔伯格、艾莉森、加洛韦、埃里克·乔丹、格雷格·摩尔、多米尼克·里德、戴夫·格雷、丽莎·海普斯、蒂姆·豪吉、凯瑟琳·考尔德、萨米尔·帕特尔、乔尔·普拉基特、伊娃·克莱顿、布莱恩·斯库达莫尔、乔纳森·贝克尔、赵勇、彼得·吉尔摩、约翰·达拉·科斯塔、阿黛尔·戴蒙德、罗翰·莱特、迪翁·欣克克利夫、埃兰戈·埃兰戈凡、艾伦·迪瓦恩、基娜·莱斯基、丹尼尔·列维廷、布里安娜·韦特勒费尔、卡尔·摩尔、夏琳·李和迈克·德斯贾丁举杯，愿你们前程似锦。与此同时，我觉得能结识威卡·皮阿曼是我的幸运。

还要特别感谢利利普特女帽店的卡琳·鲁伊斯。您是一个非凡的人。感谢您将本书的精髓具体化，并在日常工作中不断践行。

关于思考

我永远感谢我的朋友和同事，他们继续帮助我不断实践开放式思维。除了上述提到的人们，我还要感谢你们曾帮助构思本书（排名不分先后）：凯瑟琳·巴内特、马克和奥拉·科尔盖特、塞琳·希林格、吉尔·施纳尔、基思和米歇尔·德里斯科尔、卢克·米尔斯、史蒂文·希尔、凯文和珍·弗莱彻、肯尼斯·米凯尔森、亨利·明茨伯格、里克·沃兹曼、贝基和艾略、马修·伍德、达伦·恩特威斯尔、乔什·布莱尔、安德鲁·特纳、杰弗里·普里特、玛丽莲·泰夫廷、安娜·卡伦·里维拉、保罗·布莱尔、艾琳·德默、弗朗西斯·皮切拉克、罗曼·皮切拉克、布鲁斯·杜塞、玛丽·休伊特、劳拉·杰米森、格雷格和香农·索斯盖，2018年工商管理硕士毕业生、金·摩根、凯文·麦卡德尔、梅根·米特勒、凯文·琼斯、珍·穆尔塔、米歇尔·摩尔、凯文·奥克斯、艾莉森·范·布瑞尔、霍夫曼、卢多·范德·海登、乔斯林·贝拉德、格雷恩和马丁·麦克尔罗伊、文斯·莫利纳罗、蒂姆·卡斯特尔、埃里克·默勒、斯蒂芬·麦克德莫特、布莱恩·里德、尼洛弗·莫尼特、肖恩·亨特、丹·希恩、黛博拉·威金斯、菲尔·勒尼尔、亚历克斯·罗斯韦尔、安妮·格雷泽、布莱尔和特蕾西·哈古尔，以及雪莉·柏林。

感谢加拿大航空公司的服务主管，他们协助了我的写作，谢谢你们！我的很多写作都是在10万米的高空完成的。

以上致谢的朋友中，如有疏漏，深表歉意。下次小聚，我会敬上一杯苏格兰威士忌或拿铁咖啡以表歉意。

感谢我爱的人

我对家庭的爱让我开始思考，因为他们总鼓励我追逐梦想。感谢我爱的人：米娅、罗伊、妮可、阿拉娜、娜塔莎、亚当、米歇尔、佐伊、里奇、苏珊、克里斯、马德琳、泰勒、黛比、黛安、罗恩、简和劳伦斯。致茁壮成长的孩子们——克莱尔、科尔和凯特——我爱你，至死不渝。继续写作！不要停！但也要记得，首先要爱自己，做真实的自己。最后，感谢丹尼斯，我们家族中真正的中流砥柱、谋略大师。感谢你总是让家里井井有条，让我的写作无后顾之忧。我不知道你是怎么做到的。你太棒了！我爱你。

每天在路上，不断前进。